Python（パイソン）で動かして学ぶ！

あたらしい 線形代数の教科書

かくあき｜著

本書内容に関するお問い合わせについて

このたびは翔泳社の書籍をお買い上げいただき、誠にありがとうございます。
弊社では、読者の皆様からのお問い合わせに適切に対応させていただくため、以下のガイドラインへのご協力をお願い致しております。
下記項目をお読みいただき、手順に従ってお問い合わせください。

ご質問される前に

弊社Webサイトの「正誤表」をご参照ください。これまでに判明した正誤や追加情報を掲載しています。

正誤表　https://www.shoeisha.co.jp/book/errata/

ご質問方法

弊社Webサイトの「刊行物Q&A」をご利用ください。

刊行物Q&A　https://www.shoeisha.co.jp/book/qa/

インターネットをご利用でない場合は、FAXまたは郵便にて、下記翔泳社愛読者サービスセンターまでお問い合わせください。電話でのご質問は、お受けしておりません。

回答について

回答は、ご質問いただいた手段によってご返事申し上げます。ご質問の内容によっては、回答に数日ないしはそれ以上の期間を要する場合があります。

ご質問に際してのご注意

本書の対象を越えるもの、記述個所を特定されないもの、また読者固有の環境に起因するご質問等にはお答えできませんので、予めご了承ください。

郵便物送付先およびFAX番号

送付先住所　〒160-0006　東京都新宿区舟町5
FAX番号　03-5362-3818
宛先　㈱翔泳社 愛読者サービスセンター

はじめに

本書は線形代数をこれから学ぼうとされる方に向けた入門書です。線形代数は数学の基礎科目の一つであり、ベクトルと行列の基礎理論を提供します。本書では線形代数とは何か、なぜそれが重要なのかといった、理工系の大学生が初年度で学ぶような線形代数の理論的な基礎事項を解説しています。また、線形代数を具体的にわかりやすく説明するために、Pythonを用いた計算例を紹介しています。プログラミングを通してベクトルや行列の数値計算を体験してみることは、線形代数を理解することにとても役立ちます。ただし本書で扱うのは小規模な問題であり、応用の場面で登場するような大規模問題に適する数値計算法などについては論じていません。本書で重点を置いているのは線形代数の基礎理論を紹介することです。

本書に記載しているサンプルコードはPythonとそのパッケージであるNumPy、SymPy、SciPyなどを用いて書かれています。Pythonは幅広い用途で利用されている、強力で、学びやすいプログラミング言語です。Pythonを選んだ理由は、線形代数だけでなくプログラミングの学習も並行して行うとなった場合に学びやすさが大切と判断したためです。本書の中ではPythonの仕様や文法の解説はしていませんが、サンプルコードを数式と比較しつつ読んでみてください。Pythonの文法は読みやすいので、Pythonを知らなくても大まかにコードの内容が理解できるはずです。Pythonの詳細な文法などを学習したい方はPythonの専門書を参照してください。

本書が読者の方の業務や学業の一助となり、ご活躍に少しでも役立つものとなれば非常に幸いです。

2023年7月吉日

かくあき

INTRODUCTION 本書の対象読者と必要な事前知識

本書は線形代数の基本知識を解説した書籍です。読者がPythonによる行列計算に触れながら線形代数を学習することにより、線形代数の意味が理解しやすくなるようにしています。数学の専門家でない方でも線形代数がどのように役に立つのかを学べるように心掛けて執筆しました。

本書は以下のような方を対象読者としています。

- Pythonを使いながら線形代数を学びたい学生、文系エンジニア
- 線形代数の基礎を学び直したいエンジニア

また本書を読むにあたり、以下のような事前知識を持っている方を想定しています。

- 初等中等教育で学ぶ算数・数学の基礎知識のある方
- Pythonの基礎知識のある方

INTRODUCTION

本書の主な特徴

本書では、基本となるベクトルや行列の概念から始まり、線形代数の応用として代表的な最小二乗法と特異値分解についてまでを解説しています。必要な事前知識が多すぎると入門書として難しくなりすぎると考え、複素数や微分の知識が必要な部分は扱いませんでした。

本書の扱う線形代数の範囲は以下の通りです。

- ベクトルの基礎
- 行列の基礎
- 線形方程式系の解を求める計算方法
- 行列式の基礎
- 部分空間の基礎
- 直交の定義・直交基底の作成方法・最小二乗法による線形回帰
- 固有値・固有ベクトルの定義と具体的な計算方法
- 行列を対角化する方法
- 特異値分解の定理

INTRODUCTION 本書のサンプルの動作環境とサンプルプログラムについて

本書はWindows 11/10（64bit）の環境を元に解説しています（本文の操作手順とスクリーンショット画面はWindows 10を基にしています）。Pythonとライブラリのインストールにはアナコンダ Individual Edition（Anaconda3-2023.03-1-Windows-x86_64.exe）を使用しています。本書のサンプルは表1の環境で、問題なく動作していることを確認しています。

表1 サンプルの実行環境

名前	バージョン
Python	3.10.9
notebook	6.5.2
numpy	1.23.5
sympy	1.11.1
scipy	1.10.0
matplotlib	3.7.0
imageio	2.26.0

付属データのご案内

付属データ（本書記載のサンプルコード）は、以下のサイトからダウンロードできます。

- 付属データのダウンロードサイト
  URL https://www.shoeisha.co.jp/book/download/9784798178684

注意

付属データに関する権利は著者および株式会社翔泳社が所有しています。許可なく配布したり、Webサイトに転載したりすることはできません。

付属データの提供は予告なく終了することがあります。あらかじめご了承ください。

会員特典データのご案内

会員特典データは、以下のサイトからダウンロードして入手いただけます。

- 会員特典データのダウンロードサイト
  URL https://www.shoeisha.co.jp/book/present/9784798178684

注意

会員特典データをダウンロードするには、SHOEISHA iD（翔泳社が運営する無料の会員制度）への会員登録が必要です。詳しくは、Webサイトをご覧ください。

会員特典データに関する権利は著者および株式会社翔泳社が所有しています。許可なく配布したり、Webサイトに転載したりすることはできません。

会員特典データの提供は予告なく終了することがあります。あらかじめご了承ください。

免責事項

付属データおよび会員特典データの記載内容は、2023年7月現在の法令等に基づいています。

付属データおよび会員特典データに記載されたURL等は予告なく変更される場合があります。

付属データおよび会員特典データの提供にあたっては正確な記述につとめましたが、著者や出版社などのいずれも、その内容に対してなんらかの保証をするものではなく、内容やサンプルに基づくいかなる運用結果に関してもいっさいの責任を負いません。

付属データおよび会員特典データに記載されている会社名、製品名はそれぞれ各社の商標および登録商標です。

著作権等について

付属データおよび会員特典データの著作権は、著者および株式会社翔泳社が所有しています。個人で使用する以外に利用することはできません。許可なくネットワークを通じて配布を行うこともできません。個人的に使用する場合は、ソースコードの改変や流用は自由です。商用利用に関しては、株式会社翔泳社へご一報ください。

2023年7月
株式会社翔泳社　編集部

CONTENTS

第2章 行列 041

第3章 線形方程式系 071

第0章 開発環境の準備

本章では、学習の準備としてPython開発環境の構築と簡単な使い方について解説します。開発環境の構築にはAnacondaを利用し、Jupyter NotebookでPythonのコードを実行させます。

0.1 Pythonのインストール

本節では、Python開発環境のインストール方法を説明します。

0-1-1 Anaconda Individual Editionのインストール

Pythonにはさまざまなインストール方法があります。線形代数の学習のためには、Anaconda社の提供するAnacondaを利用すると簡単に環境を構築できます。AnacondaはPythonの本体だけでなく、さまざまな数値計算に便利なパッケージをまとめてインストールしてくれます。

まず、Anaconda Distribution（無償版のAnaconda）を公式サイト(URL https://www.anaconda.com/download)からダウンロードします。Windows用、macOS用、Linux用のインストーラが用意されており、自分の使用しているOSに合わせてインストーラを選択します。本書では図0.1のリンクをクリックし、64ビットWindows用のインストーラの「Anaconda3-2023.03-1-Windows-x86_64.exe」で環境を構築してサンプルの作成、検証を行っています。

なお、Anacondaの全てのバージョンは URL https://repo.continuum.io/archive/からダウンロードできます。

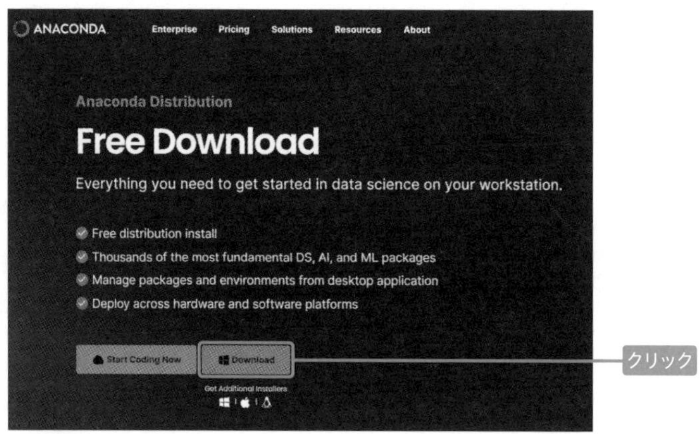

図0.1 Anacondaのダウンロード

ダウンロードしたインストーラのファイルを実行し、表示される画面に従ってインストールを行ってください。手順の詳細は省略しますが、その際の設定は全てデフォルトのままでかまいません。

0-1-2 仮想環境を作成する

仮想環境とは、Pythonの実行ファイルやパッケージなどがまとめられたフォルダのことです。仮想環境はそれぞれ独立しており、Pythonやパッケージのバージョンを使い分けたい場合などに有用です。プロジェクトごとに仮想環境を作り、必要なパッケージだけインストールすれば、パッケージの依存関係で問題が生じる可能性が減ります。また、仮想環境は簡単にコピーでき、複数の人と環境を共有することができます。

environment.ymlから仮想環境を作成する方法

ここでは本書のサンプルを動作確認した環境をインポートする方法を解説します。まずは本書の付属データのダウンロードサイトからenvironment.ymlをダウンロードしておいてください。

次に、Anaconda Navigatorを起動しましょう。Anaconda NavigatorはAnacondaでインストールしたアプリケーションの起動や、実行環境の管理などを行うためのアプリケーションです。スタートメニューの「Anaconda3」の中にある「Anaconda Navigator」を選択するとAnaconda Navigatorが起動し、図0.2の画面が表示されます。この画面から「Environments」をクリックして仮想環境の管理画面に移動してください。

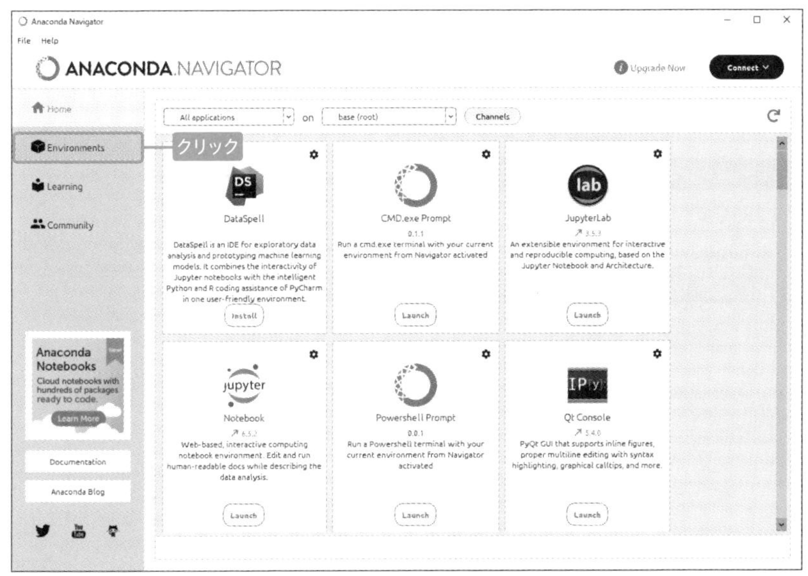

図0.2 Anaconda Navigator

図0.3 の画面には利用できる仮想環境の一覧と、選択した環境にインストールされているパッケージの一覧が表示されます。ここで「Import」をクリックします。

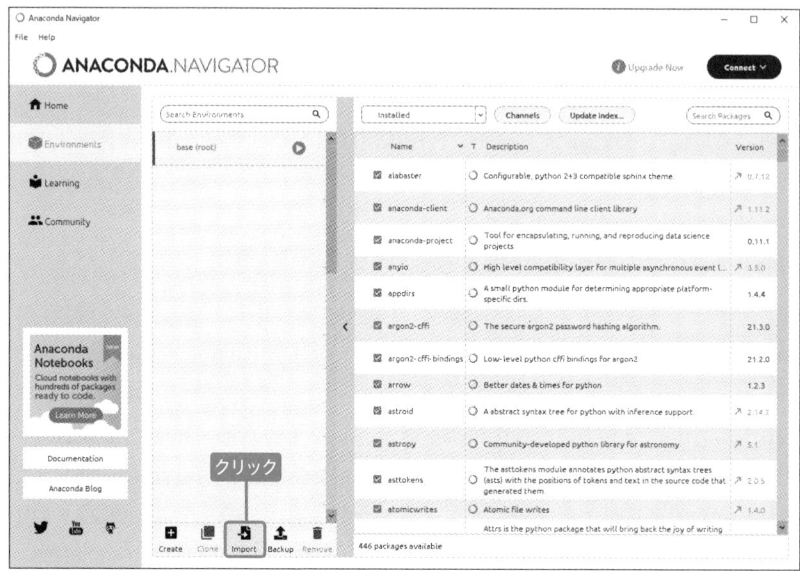

図0.3 仮想環境のインポート

図0.4 の画面が表示されるので、「New enviroment name」には仮想環境の名前を入力します❶。「Local drive」の右のフォルダアイコンをクリックし❷、ダウンロードしておいた「environment.yml」を選択します❸。「Import」をクリックすると❹、仮想環境が作成されます。

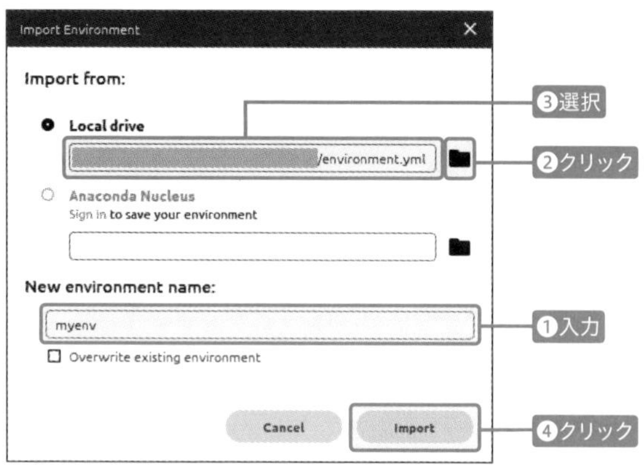

図0.4 Import new environment画面

新規に仮想環境を作成して個別にパッケージをインストールする方法

もしも仮想環境を新規作成したい場合には 図0.5 の「Create」をクリックします。

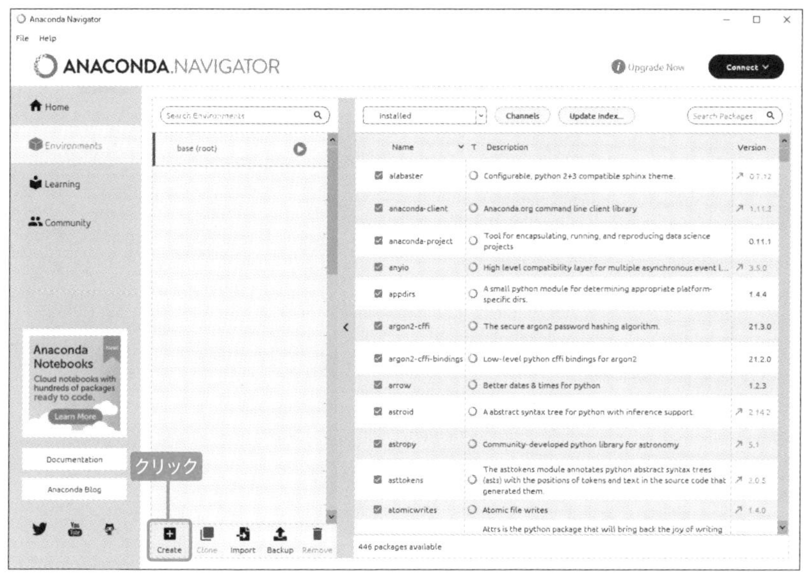

図0.5 仮想環境の新規作成

図0.6 の画面が表示されるので、「Name」には仮想環境の名前を入力し❶、「Packages」でPythonのバージョンを選択します❷。本書の環境では「Python 3.10.11」を選択しています。「Create」をクリックすると❸、仮想環境が作成されます。

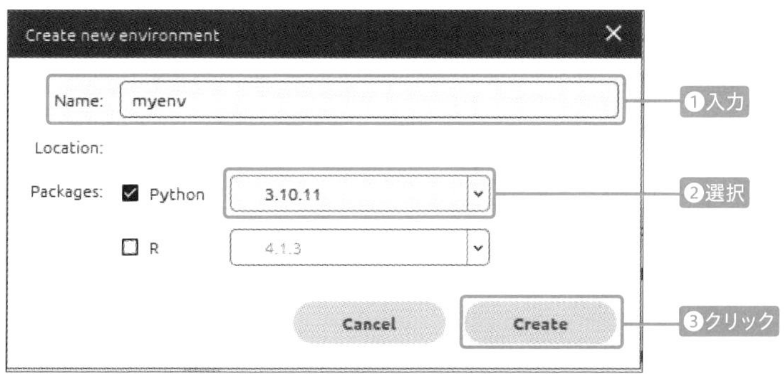

図0.6 Create new environment画面

仮想環境が作成されたら必要なパッケージを選択してインストールするのですが、本書で使用するパッケージをインストールするにはconda-forgeというチャンネルが必要です。図0.7の画面に示すように、まずは「Channels」をクリックし❶、チャンネルの一覧に「conda-forge」があるのを確認します❷。

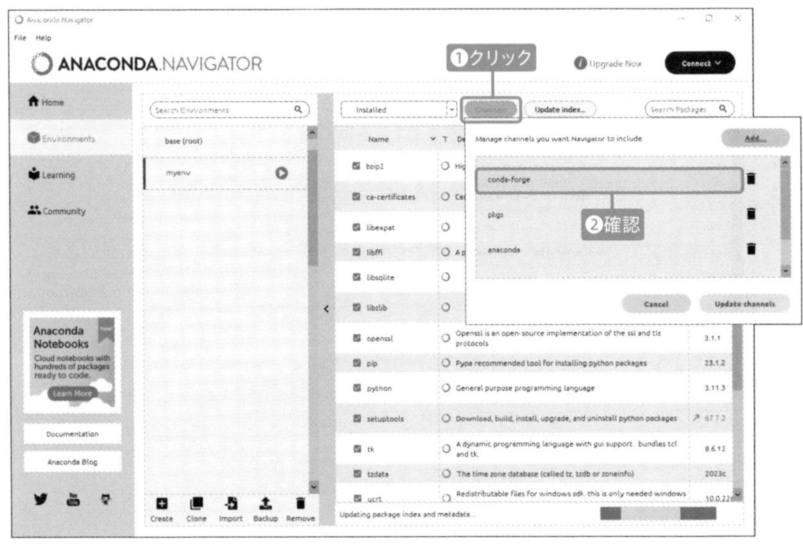

図0.7 チャンネルの確認

次に図0.8の画面で「Not installed」を選択します❶。これによりインストールできるパッケージの一覧が表示されます。検索欄にインストールするパッケージ名を入力して（ここでは「notebook」）❷、検索します。本書で必要なパッケージは表0.1のものです。インストールするパッケージを見つけたらそれにチェックを入れます❸。

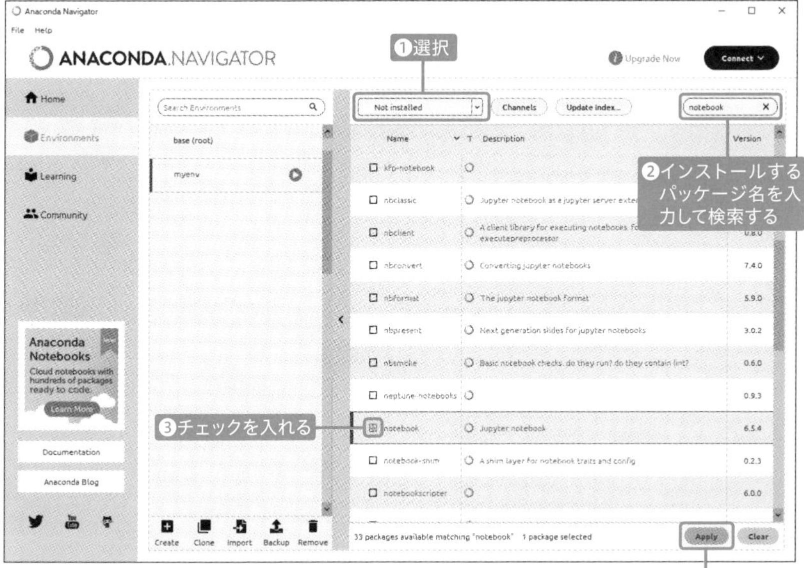

図0.8 パッケージのインストール①

表0.1 パッケージ名とバージョン

パッケージ名	バージョン
notebook	6.5.2
numpy	1.23.5
sympy	1.11.1
scipy	1.10.0
matplotlib	3.7.0
imageio	2.26.0

次に先程のチェックボックスを右クリックして（図0.9 ❶)、「Mark For specific version installation」を選択し❷、バージョン（ここでは「6.5.2」）を選択します❸。「Apply」をクリックします❹。「Install Packags」画面で、インストールするパッケージとバージョンを確認して❺、「Apply」をクリックします❻。

なお、図0.8で「Apply」をクリックすると、最新のバージョンがインストールされます。

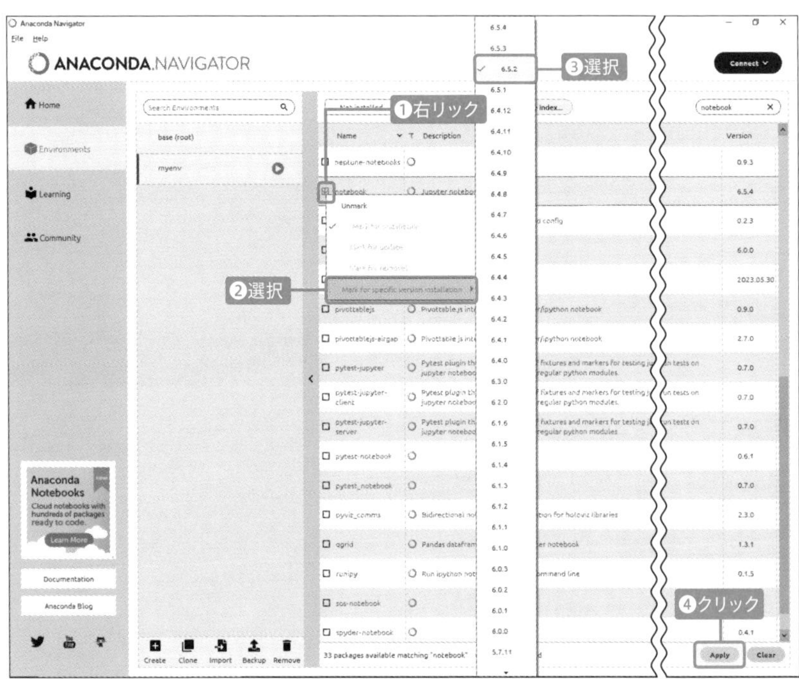

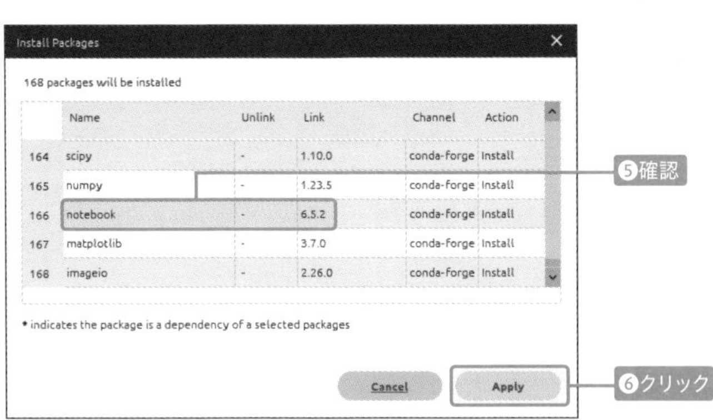

図0.9 パッケージのインストール②

0.2 Jupyter Notebook

本節では、Jupyter Notebookの起動方法と操作方法を簡単に説明します。

0-2-1 Jupyter Notebookとは

Jupyter NotebookはWebブラウザ上で動作するアプリケーションです。ノートブックと呼ばれる形式のファイルを開き、対話的にPythonなどのプログラムを実行していくことができます。実行結果をグラフとして表示することもでき、データの分析を順次確かめながら進めていけるので非常に便利です。さらに、ノートブックには説明用のテキストや数式を記述できるので、学習内容のメモやプログラムの解説もまとめて管理できます。

本書で解説するPythonのサンプルコードは、ノートブック形式のファイルで保存されています。ダウンロードしたファイルはJupyter Notebook上で実行してください。

0-2-2 Jupyter Notebookを起動する

それでは、Jupyter Notebookを起動しましょう。Anaconda NavigatorのHome画面から使用する仮想環境を切り替えられます。図0.10のように前節で作成した仮想環境を選択します❶。そして、Jupyter Notebookの「Launch」をクリックすると❷、Jupyter Notebookが起動し、デフォルトのWebブラウザが立ち上がります。

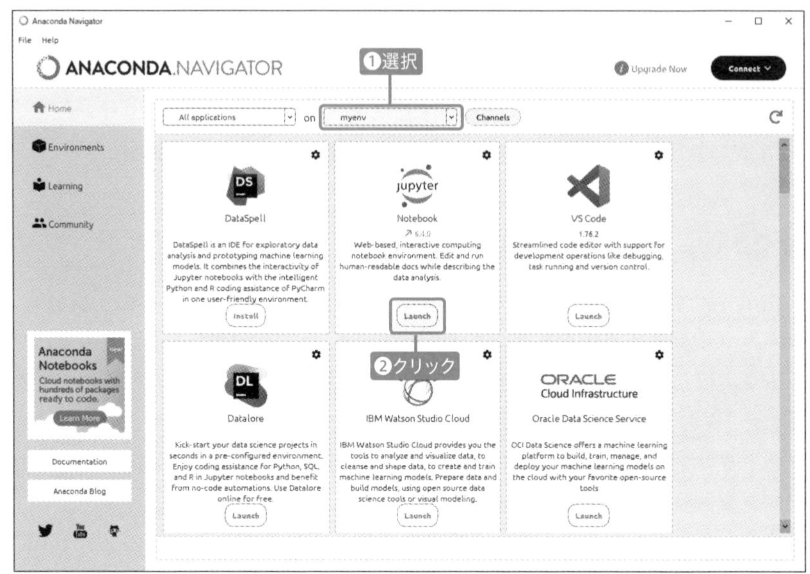

図0.10 Jupyter Notebookを起動

Webブラウザに図0.11のようなダッシュボード画面が表示されます。画面には実行環境のホームフォルダの内容が表示されており、フォルダやファイルを操作することができます。

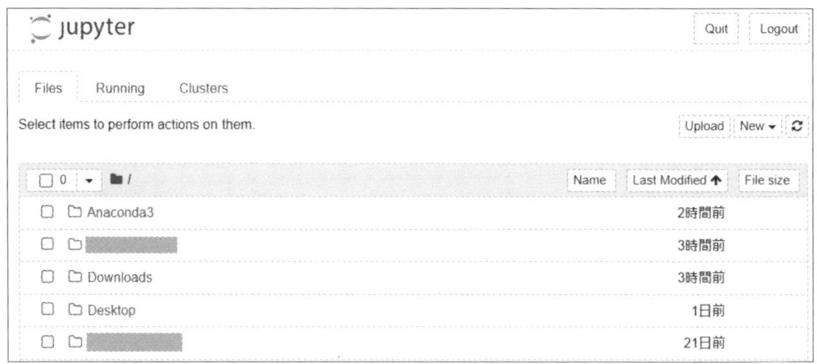

図0.11 Jupyter Notebookのダッシュボード画面

ファイルを新規作成するには、作業するフォルダに移動したあと（ここではそのまま同じフォルダに作成）に右側にある「New」をクリックします（図0.12①）。そして、「Python 3」を選択すると②、Jupyter Notebookの新規ファイルが作成され、そのファイルが新しいタブに開かれます。また、自動でPython3が実行されているので、Pythonのコードを入力して実行させていくことができます。

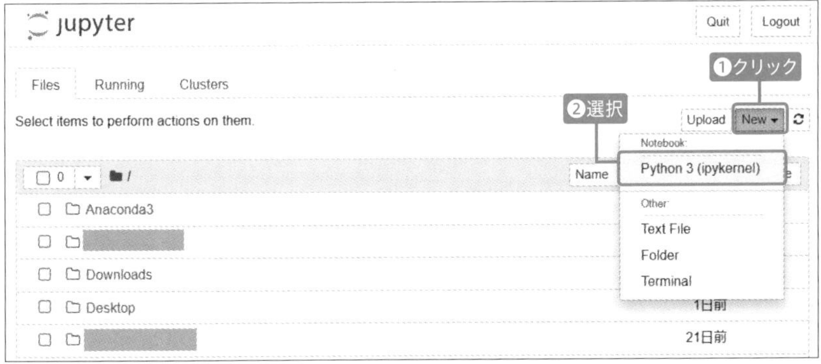

図0.12 新規にノートブックを作成

作成されたファイルの拡張子は**.ipynb**です。本書のサンプルコードもこの形式のファイルにまとまっているので、Jupyter Notebookで開いてコードを実行してください。

0-2-3 セルの操作

最初はJupyter Notebookに慣れるためにPythonの簡単なコードを書いて実行してみましょう。図0.13の画面の上部にはメニューバーやツールバーが表示されており、それらをクリックすることでファイルの保存やコードの実行のようなさまざまな操作が行えます。

図0.13にあるような文字を入力する枠をセルと呼びます。Jupyter NotebookではセルにPythonのコードを書いて実行していきます。

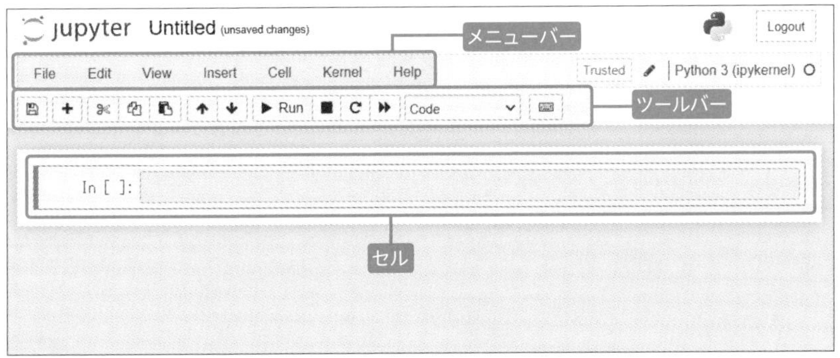

図0.13 コードを入力するセル

電卓を使うような感覚で**1 + 1**などと入力し、[Shift] + [Enter] キーを押してみましょう（[Shift] キーを押しながら [Enter] キーを押す)。すると、図0.14のように実行結果がセルの下に表示され、次のセルが追加されます。あとの章で解説しますが、セルの下にグラフを表示させることもできます。

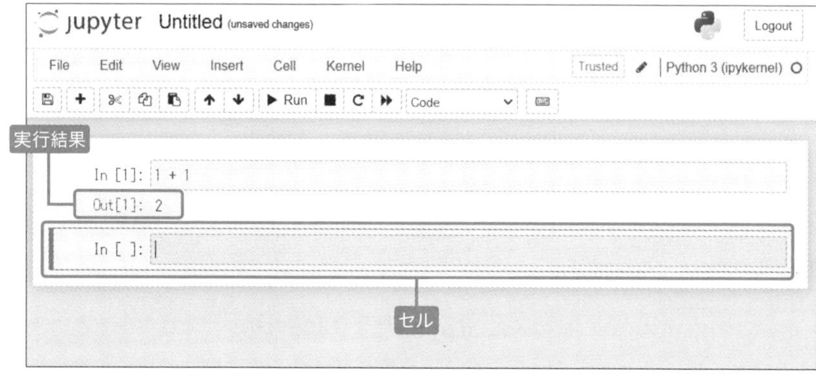

図0.14 数値計算の例

順次追加されたセルにコードを書き、それを実行するということを繰り返していきます。コードは何行でも書け、図0.15のように一つのセルに複数の文を書くこともできます。この文の1行目は先頭に**#**（ハッシュマーク）があるため、コメントとして認識されます。コメントはPythonに無視される文で、コードの意味の補足やメモを残すために使用されます。2行目の**print('Hello, World!')**という文で使用している**print**関数は、指定の文字を出力させる命令です。

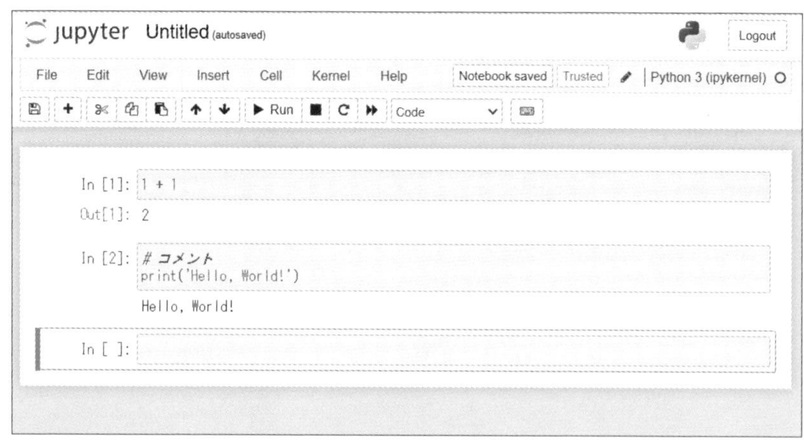

図0.15 複数行のコードの入力

セルには種類があり、図0.16のようにセルの種類を選択して変更できます。デフォルトではPythonのコードを記述するための「Code」になっています。「Markdown」を選択すると、セルが通常のテキストを記述するためのモードに変わります。

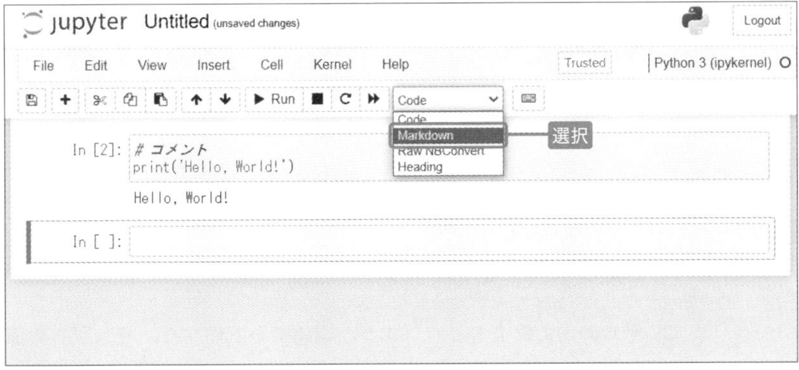

図0.16 セルの種類の選択

Markdownセルでは、Markdownという言語の記法に従ったテキストや、LaTeX形式の数式を書くことができます。このセルでPythonのコードの実行はできませんが、見た目の整えられたテキストや数式を表示させたいときに使用します。Markdownセルには図0.17のように入力して実行します。

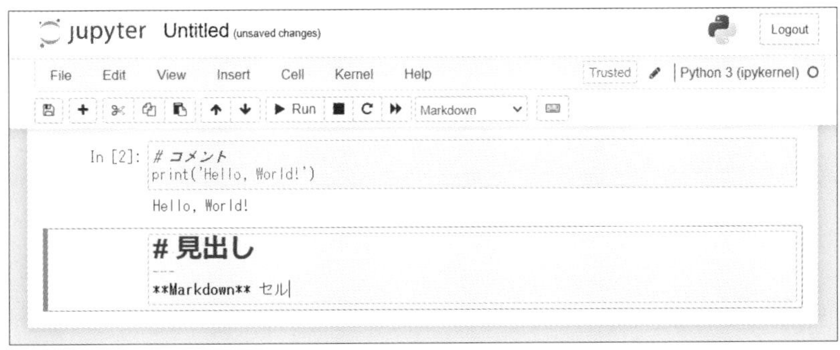

図0.17 Markdownセルの例

するとテキストが装飾されて図0.18のように表示されます。

図0.18 Markdownセルの実行結果

セルにはテキストを入力する編集モードと、セル自体を操作するコマンドモードがあります。セルの入力欄をクリックすると編集モードになり、それ以外の箇所をクリックするとコマンドモードになります。セルの左端が編集モードでは緑、コマンドモードでは青く表示されます。

コマンドモードではキーボードショートカットを利用してセルを操作できます。例えば［H］キーを押すとキーボードショートカットの一覧が表示されます。また、［P］キーを押すと図0.19のようにコマンドパレットが開きます。コマンドパレットから実行したいコマンドを検索し、実行することができます。Jupyter Notebookの操作に迷ったときに活用してください。

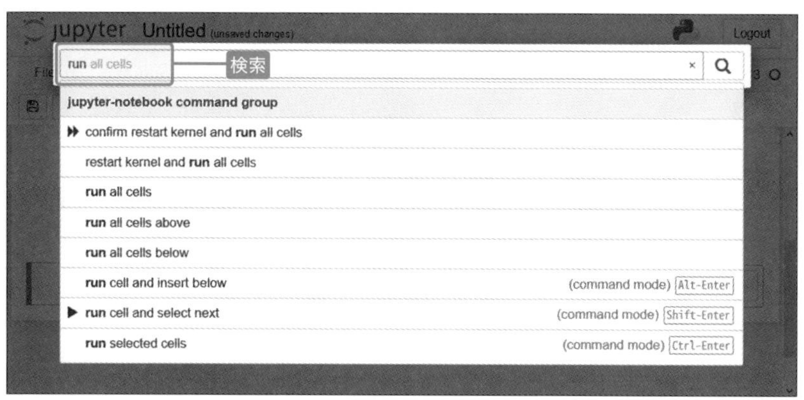

図0.19 Jupyter Notebookのコマンドパレット

第1章 ベクトル入門

線形代数学を構築する基礎的な概念がベクトルです。ベクトルは代数的には順序付けられた数の集合であり、この章ではベクトルの定義と幾何学的な解釈を解説します。また、プログラミング言語 Pythonを用いてコンピュータでベクトルの計算を行う方法も紹介します。

1.1 ベクトル

まずはベクトルの導入から始めます。本節ではプログラミング言語Pythonでベクトルを扱う方法も紹介します。

1-1-1 ベクトルの概念と幾何学的な解釈

ベクトル（vector）は大きさと向きという二つの独立した性質を持つ量です。狭い意味では$(1, -2)$や$(3, 1, -5)$のように表される数の集合体ともいえます。このようなベクトルは数ベクトル（numerical vector）とも呼ばれます。ベクトルの成分（entry、component）には順序が付けられています。

一般にベクトルは（式1.1）のように表記します。

$$\boldsymbol{v} = \begin{bmatrix} v_1 \\ v_2 \\ \vdots \\ v_n \end{bmatrix} \quad \text{（式1.1）}$$

ここでは第i番目の成分をv_iとしています。この表記のベクトルは縦1列に成分が並ぶため、列ベクトル（column vector）や縦ベクトルとも呼ばれます。ベクトルを表す記号はただの数と区別できるようにしておくと式が見やすくなります。本書ではベクトルの記号を$\boldsymbol{v}$のように太字の斜体（イタリック体）で表すことにしています。

ベクトルは横1列に成分を並べた（式1.2）の形式で表記されることもあります。これは列ベクトルと区別するときには行ベクトル（row vector）や横ベクトルと呼ばれます。列ベクトルと行ベクトルを総称してベクトルと呼びます。

$$\boldsymbol{w} = \begin{bmatrix} w_1 & w_2 & \cdots & w_n \end{bmatrix} \quad \text{（式1.2）}$$

縦方向に並ぶものを横方向に、横方向に並ぶものを縦方向に並べ変える操作を転置（transposition）と呼びます。（式1.1）で定義した列ベクトル$\boldsymbol{v}$を転置すると（式1.3）のような行ベクトルになります。

$$\boldsymbol{v}^{\top} = \begin{bmatrix} v_1 & v_2 & \cdots & v_n \end{bmatrix} \quad \text{（式1.3）}$$

成分がn個の実数であるベクトル$\boldsymbol{v}$は$\boldsymbol{v} \in \mathbb{R}^n$と書き、成分が複素数なら$\boldsymbol{v} \in \mathbb{C}^n$と書きます。数学では$a \in S$という表記は$a$が集合$S$の要素、元（element）

であることを意味します。ベクトルの次元（dimension）は成分の個数を指すので、$\boldsymbol{v} \in \mathbb{R}^2$とあれば$\boldsymbol{v}$は次数の成分が二つのベクトルと考えてください。

ベクトルは幾何学的には大きさと方向を持つ線分として解釈することができます。図1.1はベクトルを空間上の矢印として描いたものです。矢印は先端を頭として、尾から頭へ向かう方向を表しています。

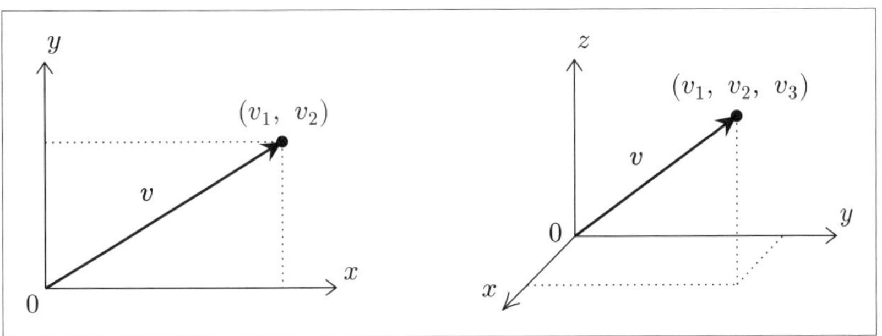

図1.1 矢印として可視化したベクトル

大抵は$\mathbb{R}^2$の2次元空間では座標軸をx, y軸、$\mathbb{R}^3$の3次元空間では座標軸をx, y, z軸とします。ベクトルの第1成分はx方向の変位、第2成分はy方向の変位、第3成分はz方向の変位を表しています。ベクトルを図として描けるのは$\mathbb{R}^3$までですが、$\mathbb{R}^n$の全てのベクトルはその成分の量だけ座標方向に移動する矢印と考えることができます。

同じ大きさ同じ方向の二つの矢印はどこに置かれても同じベクトルです。ベクトルの成分はその長さと方向を指定するものであって、空間内の位置を指定するものではありません。ベクトルは空間内で移動させることができるのです。例えば図1.2に描かれた矢印はどれも同じベクトルを表します。ベクトルの成分は矢印の頭の座標から尾の座標を引くことで計算できます。

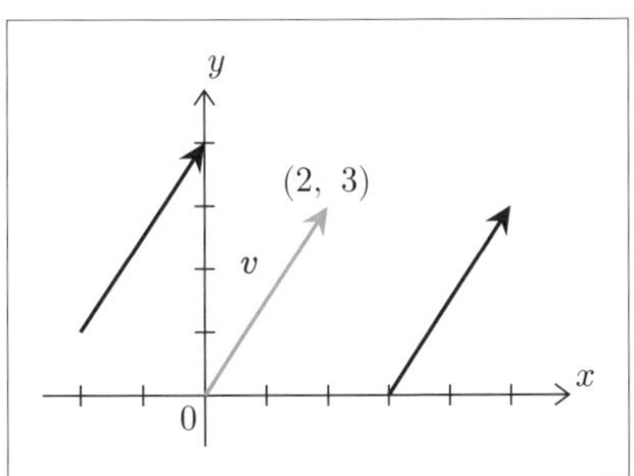

図1.2 平面上の異なる位置にあるベクトル

ただし、ベクトルについて議論するときには、しばしばベクトルの尾を原点に置いて表示します。ベクトルの尾が原点にあることを標準位置（standard position）と呼びます。ベクトルが標準位置にあるとき、矢印の頭の座標がベクトルの成分と同じになります。つまり、標準位置で考えればベクトルを空間上の矢印としてではなく、矢印の先にある空間上の点と解釈できます。$\mathbb{R}^n$のベクトルを点として考えるか、矢印として考えるかは文脈に依存します。

1-1-2 Pythonでのベクトルの表現

線形代数が実際に応用される場面では大規模な数値計算が必要になることがあります。そこで線形代数の問題の求解などでは、コンピュータを用いて数値的な近似解を求めるといったことが行われます。コンピュータを使った数値計算は、それだけで一つの研究分野になるほど深いものです。本書の主目的は線形代数の基礎を学習することなので、数値計算について深い部分までは解説しません。しかし、簡単にでも実際にプログラムを動かして数値計算に触れてみると、線形代数の学習意欲も湧いてくると思います。

本書のサンプルコードの記述には、無料で使えるプログラミング言語であるPythonを用いています。Pythonは文法が比較的平易でありPython自体の学習にあまり時間を要しません。また、利用者が多いために情報も多く、線形代数の勉強にも便利な言語です。

P.viでも記載していますが本書のサンプルコードを実行するにはPython本体のほかに 表1.1 のライブラリが必要です。開発環境の準備については第0章で解説していますが、必要に応じてパッケージをインストールしてください。なお、これらは第0章で紹介しているAnaconda Distribution（ URL https://www.anaconda.com/download）などを用いて簡単にインストールできます。また、サンプルコードはJupyter Notebook上で実行して動作を確認しています。

表1.1 パッケージ名とバージョン

パッケージ名	バージョン
numpy	1.23.5
sympy	1.11.1
scipy	1.10.0
matplotlib	3.7.0
imageio	2.26.0

Pythonでの数値計算ではNumPyというライブラリが標準的に使われています。まずはNumPyを使ってベクトルを表現する方法を説明します。また、PythonにはSymPyという記号計算用ライブラリがあります。SymPyは代数的な計算をするためのもので、線形代数の学習にも便利なので紹介します。本書ではこれらは リスト1.1 のようにインポートしています。

リスト1.1 ライブラリのインポート

In
```
# NumPy のインポート
import numpy as np

# SymPy のインポート
import sympy as sy
```

SymPyには出力結果の表示形式を選択する機能があります。**init_printing**関数を実行しておくと、環境で利用可能な最適な表示形式が選ばれます。Jupyter NotebookではLaTeX形式の表示形式が有効になります（リスト1.2）。

リスト1.2 SymPyの出力表示形式を選択

In
```
sy.init_printing()

# 結果をascii文字だけで出力するようにする設定
# sy.init_printing(use_unicode=False, use_latex=False)
```

NumPyでベクトルを表現するには**ndarray**オブジェクトを使用します。本書では**ndarray**オブジェクトのことを単に配列とも呼びます。NumPyの**array**クラスにリストを渡すと**ndarray**インスタンスが作成されます。例えば、リスト1.3 は（式1.4）の列ベクトルを表す**ndarray**オブジェクトを作成します。

$$\boldsymbol{v} = \begin{bmatrix} 1 \\ 2 \\ 3 \end{bmatrix} \qquad \text{(式1.4)}$$

リスト1.3 NumPyによる列ベクトルの作成

In
```
v = np.array([[1],
              [2],
              [3]])
v
```

Out
```
array([[1],
       [2],
       [3]])
```

ndarrayでは**shape**属性で形状を参照できます。例えばリスト1.4を実行すると、この配列は3行1列の形状だとわかります。

リスト1.4 **ndarray**の形状

In
```
v.shape
```

Out
```
(3, 1)
```

一方、SymPyではベクトルを**Matrix**オブジェクトで作成します。リスト1.5のようにベクトルの成分をリストで指定します。なお**Matrix**オブジェクトにも**shape**属性があり、それで形状を確認できます。

リスト1.5 SymPyによる列ベクトルの作成

In
```
v_s = sy.Matrix([1, 2, 3])
v_s
```

Out

$$\begin{bmatrix} 1 \\ 2 \\ 3 \end{bmatrix}$$

同様に、次の行ベクトルを表すオブジェクトを作成してみます。

$$\boldsymbol{w} = \begin{bmatrix} 1 & 2 & 3 \end{bmatrix} \quad \text{(式1.5)}$$

NumPyでは リスト1.6 のようにして行ベクトルを作成します。指定しているリストの形状が リスト1.3 とは異なることがポイントです。

リスト1.6 NumPyによる行ベクトルの作成

In
```
w = np.array([[1, 2, 3]])
w
```

Out
```
array([[1, 2, 3]])
```

SymPyでは リスト1.7 でオブジェクトを作成します。

リスト1.7 SymPyによる行ベクトルの作成

In
```
w_s = sy.Matrix([[1, 2, 3]])
w_s
```

Out

$$\begin{bmatrix}1 & 2 & 3\end{bmatrix}$$

ndarrayには次元というものがありますが、これはベクトルの成分の個数ではありません。例えば、リスト1.4 の**shape**属性で形状を確認したように**v**は行方向と列方向の2方向を持った構造をしています。このように**ndarray**が持っている軸方向の数を次元と呼んでいます。これは リスト1.8 のように**ndim**属性から参照できます。

リスト1.8 **ndarray**の次元

In
```
v.ndim
```

Out

$$2$$

1次元の**ndarray**を作成することもできます。しかし、1次元である場合は**ndarray**が列ベクトルと行ベクトルのどちらであるかは区別することができません。なお、SymPyでは**Matrix**クラスのインスタンスは常に2次元以上の構造をしており、1次元のリストを渡しても列ベクトルが作成されます。リスト1.9 を実行すると1次元の**ndarray**が作られます。

リスト1.9 1次元のndarray

In
```
v = np.array([1, 2, 3])
v
```

Out
```
array([1, 2, 3])
```

リスト1.10のように**shape**属性で形状を確認すると軸が一つしかないことがわかります。

リスト1.10 1次元のndarrayの形状

In
```
v.shape
```

Out
```
(3, )
```

NumPyには次元の異なる**ndarray**同士でも演算ができる仕組みが用意されています。このブロードキャストという仕組みは便利ではあるのですが、ユーザーがその規則を理解していないと演算結果を見て混乱することがあります。そのため、初学者は常に2次元の**ndarray**でベクトルを表現するとよいでしょう。

リスト1.3の方法以外にも2次元の**ndarray**の作成方法があるので紹介しておきます。NumPyでは**ndarray**の次元を増やす方法がいくつか用意されています。リスト1.11では**newaxis**オブジェクトを用いて**ndarray**を1次元から2次元に拡張しています。

リスト1.11 newaxisを用いた次元の拡張

In
```
v = np.array([1, 2, 3])[:, np.newaxis]
v
```

Out
```
array([[1],
       [2],
       [3]])
```

そのほか**array**関数の**ndmin**引数を用いて、作成する配列の次元数を指定できます。リスト1.12では2次元で**ndarray**を作成しています。ここで用いた**T**属性は転置を表し、行ベクトルを転置することで列ベクトルを作成しています。

リスト1.12 ndmin引数で次元数を指定

In
```
v = np.array([1, 2, 3], ndmin=2).T
v
```

Out
```
array([[1],
       [2],
       [3]])
```

1.2 ベクトルの基本的な演算

本節ではベクトルの基本的な演算である加算とスカラー倍について解説します。これらが代数的にどのような演算なのか、そして幾何学的にどのように可視化することができるかを示します。

1-2-1 ベクトルの加算

ベクトルに関する最も基本的な演算が加算です。これはベクトルの成分を足し算するだけの演算です。$\mathbb{R}^n$に属するベクトル$\boldsymbol{u} = (u_1, u_2, \ldots, u_n)$と$\boldsymbol{v} = (v_1, v_2, \ldots, v_n)$があった場合、これらの和は（式1.6）のようになります。

$$\boldsymbol{u} + \boldsymbol{v} = \begin{bmatrix} u_1 + v_1 \\ u_2 + v_2 \\ \vdots \\ u_n + v_n \end{bmatrix} \quad \text{（式1.6）}$$

（式1.7）はその計算例です。

$$\begin{bmatrix} 1 \\ 2 \end{bmatrix} + \begin{bmatrix} 3 \\ -4 \end{bmatrix} = \begin{bmatrix} 4 \\ -2 \end{bmatrix} \quad \text{（式1.7）}$$

ベクトルの和を幾何学的に矢印で解釈してみましょう。2次元や3次元のベクトルを矢印で表現することは直感的な理解に役立ちます。$\mathbb{R}^2$に属する二つのベクトル$\boldsymbol{u}$と$\boldsymbol{v}$があるとします。$\boldsymbol{u}+\boldsymbol{v}$は 図1.3 ($a$) に示すように$\boldsymbol{u}$と$\boldsymbol{v}$を合わせた総変位量になります。

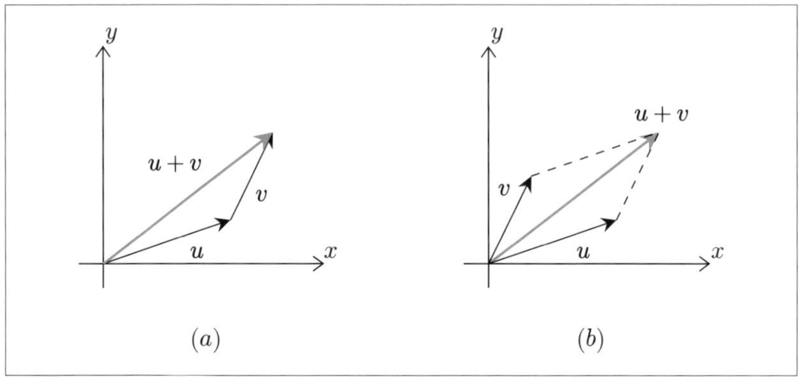

図1.3 ベクトルの和

また、ベクトルの和についてはもう一つ別の見方があります。 図1.3 (b) に示すように$\boldsymbol{u}$と$\boldsymbol{v}$を標準位置とすれば、これら二つのベクトルを辺とする平行四辺形が描けます。そして、平行四辺形の原点からの対角線に沿った矢印は$\boldsymbol{u}$と$\boldsymbol{v}$の和になります。

ベクトルの加法には（式1.8）で表される性質があります。ここで、$\boldsymbol{u}$と$\boldsymbol{v}$は$\mathbb{R}^n$のベクトルとします。

$$\boldsymbol{u}+\boldsymbol{v}=\boldsymbol{v}+\boldsymbol{u} \tag{式1.8}$$

この性質は可換性（commutative property）と呼ばれ、ベクトルの加法ではベクトルの順番を気にする必要がないことを表しています。

もう一つの性質としては（式1.9）の関係があります。$\boldsymbol{u}$と$\boldsymbol{v}$、そして$\boldsymbol{w}$は$\mathbb{R}^n$のベクトルです。

$$(\boldsymbol{u}+\boldsymbol{v})+\boldsymbol{w}=\boldsymbol{u}+(\boldsymbol{v}+\boldsymbol{w}) \tag{式1.9}$$

この性質は結合性（associative property）と呼ばれ、複数のベクトルの加法はどこから実施しても同じ結果となることを表しています。

これらの二つの性質はベクトルの加法の定義、および実数の加法も可換であることから簡単に証明できます。例えば可換性は（式1.10）のように証明できます。

$$\boldsymbol{u}+\boldsymbol{v}=\begin{bmatrix}u_1+v_1\\u_2+v_2\\\vdots\\u_n+v_n\end{bmatrix}=\begin{bmatrix}v_1+u_1\\v_2+u_2\\\vdots\\v_n+u_n\end{bmatrix}=\boldsymbol{v}+\boldsymbol{u} \qquad \text{(式1.10)}$$

Pythonを使ってベクトルの加法を確認してみましょう。NumPyの配列では**+**演算子を使ってベクトルの和を求めることができます（リスト1.13）。

リスト1.13 NumPyにおけるベクトルの和

In
```
v = np.array([[1, 2]]).T
w = np.array([[3, -4]]).T


v + w
```

Out
```
array([[ 4],
       [-2]])
```

SymPyでも同様にしてベクトルの和を求めることができます（リスト1.14）。

リスト1.14 SymPyにおけるベクトルの和

In
```
v_s = sy.Matrix(v)
w_s = sy.Matrix(w)


v_s + w_s
```

Out

$$\begin{bmatrix}4\\-2\end{bmatrix}$$

1-2-2 スカラー倍

スカラー（scalar）は単なる実数、定数のことです。$\mathbb{R}^n$のベクトル$\boldsymbol{v}=(v_1, v_2, \ldots, v_n)$があった場合、スカラー倍（scalar multiplication）$c\boldsymbol{v}$は（式1.11）のように定義されます。

$$\boldsymbol{cv} = \begin{bmatrix} cv_1 \\ cv_2 \\ \vdots \\ cv_n \end{bmatrix} \qquad \text{(式 1.11)}$$

これはベクトルにスカラーcを乗じればベクトルの全ての成分がc倍になることを表しています。つまり、スカラーはベクトルの長さを拡大縮小する係数ということです。次の（式1.12）はスカラー倍の計算例です。

$$2\begin{bmatrix} 3 \\ 1 \\ 4 \end{bmatrix} = \begin{bmatrix} 6 \\ 2 \\ 8 \end{bmatrix} \qquad \text{(式 1.12)}$$

スカラー倍を幾何学的に解釈すれば、図1.4のようにスカラーによって$\boldsymbol{v}$が伸縮するということです。もしも$|c| > 1$であればスカラー倍は$\boldsymbol{v}$を伸ばします。ベクトル$2\boldsymbol{v}$は$\boldsymbol{v}$の方向を変えずに長さを2倍にしたものです。$|c| < 1$なら$\boldsymbol{v}$を縮めることになり、例えば$c = 1/2$では長さが半分になります。$c < 0$のときはベクトルの伸縮に加えてベクトルの方向が反転します。$c = -1$の場合は$\boldsymbol{v}$の成分が全て負になったベクトルになり、$-\boldsymbol{v}$と表されます。また、$c = 0$の場合は成分が全て0になり、これを$\boldsymbol{0}$と表記します。

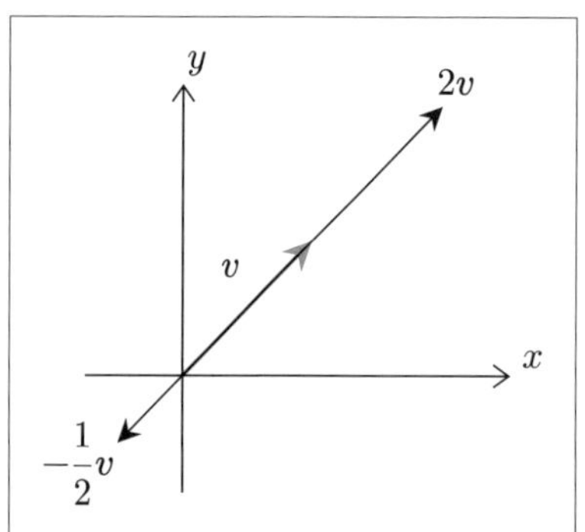

図1.4 スカラー倍はベクトルの伸縮と反転と解釈できる

さて、ベクトルの差は$\boldsymbol{u} - \boldsymbol{v} = \boldsymbol{u} + (-\boldsymbol{v})$と定義できます。つまり$\boldsymbol{u}$から$\boldsymbol{v}$を引くことは$\boldsymbol{u}$と$-\boldsymbol{v}$を足すことと同じです。

図1.5に示すように$\boldsymbol{u}$と$\boldsymbol{v}$が標準位置にあるとき、幾何学的には$\boldsymbol{u} - \boldsymbol{v}$は$\boldsymbol{v}$の頭から$\boldsymbol{u}$の頭を指す矢印と解釈できます。これは$\boldsymbol{v}$に$\boldsymbol{u} - \boldsymbol{v}$を足すと$\boldsymbol{u}$になることからもイメージできると思います。

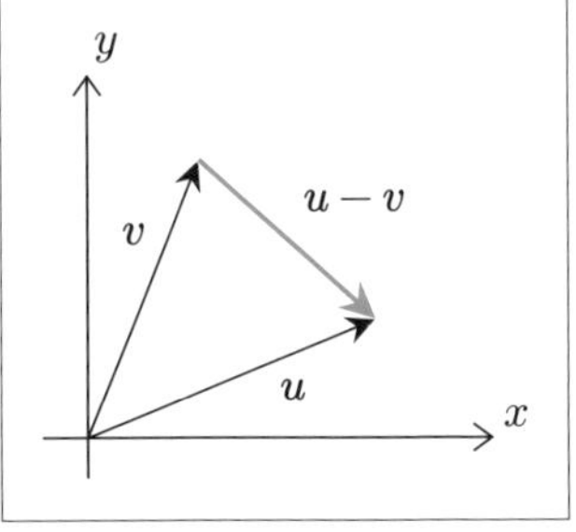

図1.5 ベクトルの差

スカラー倍は加法に対して分配性（distributive property）を持ちます。ベクトル$\boldsymbol{u}, \boldsymbol{v} \in \mathbb{R}^n$とスカラー$c, d \in \mathbb{R}$があるとき、（式1.13）が成り立ちます。

$$c\left(\boldsymbol{u}+\boldsymbol{v}\right)=c\boldsymbol{u}+c\boldsymbol{v} \tag{式1.13}$$

これは先に足し算をしてからc倍にするのと、先にc倍にしてから足し算をするのでは、結果は変わらないことを表しています。

また、（式1.14）の関係も成り立ちます。

$$\left(c+d\right)\boldsymbol{u}=c\boldsymbol{u}+d\boldsymbol{u} \tag{式1.14}$$

スカラー倍にも（式1.15）のような結合性があります。

$$c\left(d\boldsymbol{u}\right)=\left(cd\right)\boldsymbol{u} \tag{式1.15}$$

これらの性質の証明は省略しますが、ベクトルの定義と実数の演算の性質から簡単に証明することができます。

Pythonでスカラー倍を確認してみましょう。NumPyの配列では*演算子を使ってスカラー倍を計算できます（リスト1.15）。

リスト1.15 NumPyにおけるベクトルのスカラー倍

In
```
c = 2
v = np.array([[3, 1, 4]]).T


c * v
```

Out
```
array([[6],
       [2],
       [8]])
```

SymPyでも同様にしてスカラー倍を計算できます（リスト1.16）。

リスト1.16 SymPyにおけるベクトルのスカラー倍

In

```
c = 3
v_s = sy.Matrix(v)


c * v_s
```

Out

$$\begin{bmatrix} 9 \\ 3 \\ 12 \end{bmatrix}$$

1-2-3 線形結合

ベクトルに対する加法とスカラー倍を組み合わせて任意のベクトルを表すことができます。これは線形結合（linear combination）と呼ばれる線形代数学における重要な概念です。ベクトル$\boldsymbol{v}_1, \boldsymbol{v}_2, \ldots, \boldsymbol{v}_n \in \mathbb{R}^n$とスカラー$c_1, c_2, \ldots, c_n \in \mathbb{R}$があるとすれば、$\boldsymbol{v}_1$から$\boldsymbol{v}_n$の線形結合は（式1.16）の形で表されます。

$$c_1\boldsymbol{v}_1 + c_2\boldsymbol{v}_2 + \cdots + c_n\boldsymbol{v}_n \qquad \text{(式1.16)}$$

わかりやすい線形結合の例が（式1.17）のようなものです。

$$3\begin{bmatrix} 1 \\ 0 \\ 0 \end{bmatrix} + 2\begin{bmatrix} 0 \\ 1 \\ 0 \end{bmatrix} + 5\begin{bmatrix} 0 \\ 0 \\ 1 \end{bmatrix} = 3\boldsymbol{e}_1 + 2\boldsymbol{e}_2 + 5\boldsymbol{e}_3 = \begin{bmatrix} 3 \\ 2 \\ 5 \end{bmatrix} \qquad \text{(式1.17)}$$

ここで、$\boldsymbol{e}_1, \boldsymbol{e}_2, \boldsymbol{e}_3$は$\mathbb{R}^3$の座標系における座標軸に沿った長さ1のベクトルです。つまり、図1.6のような座標系の単位座標を表したベクトルです。

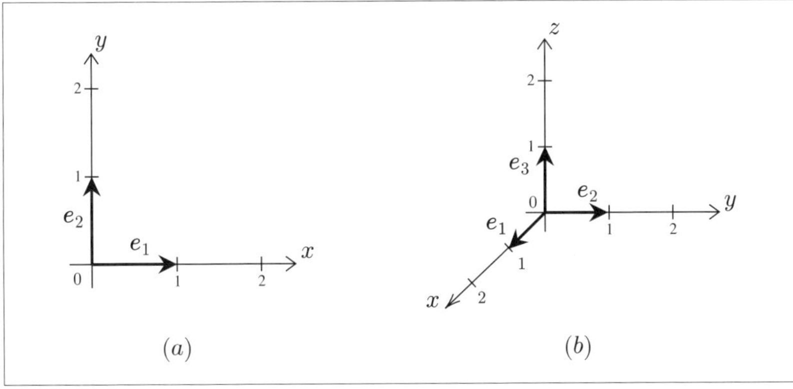

図1.6 $\mathbb{R}^2$と$\mathbb{R}^3$における標準基底ベクトル

一般に$\mathbb{R}^n$ではn個のベクトル$\boldsymbol{e}_1, \boldsymbol{e}_2, \ldots, \boldsymbol{e}_n$があり、これらを標準基底ベクトル（standard basis vectors）と呼びます（式1.18）。

$$\boldsymbol{e}_1 = \begin{bmatrix} 1 \\ 0 \\ \vdots \\ 0 \end{bmatrix}, \ \boldsymbol{e}_2 = \begin{bmatrix} 0 \\ 1 \\ \vdots \\ 0 \end{bmatrix}, \ \ldots, \ \boldsymbol{e}_n = \begin{bmatrix} 0 \\ 0 \\ \vdots \\ 1 \end{bmatrix} \tag{式1.18}$$

全てのベクトル$\boldsymbol{v} \in \mathbb{R}^n$は標準基底ベクトルの線形結合となります。つまり、$\boldsymbol{v} = (v_1, v_2, \ldots, v_n)$であれば（式1.19）のように表せます。

$$\boldsymbol{v} = v_1\boldsymbol{e}_1 + v_2\boldsymbol{e}_2 + \cdots + v_n\boldsymbol{e}_n \tag{式1.19}$$

ベクトルが標準基底ベクトルの線形結合であるという考え方は、線形代数において非常に重要です。ある性質が標準基底ベクトルで成り立つことを証明できれば、それが全てのベクトルに成り立つことを示すことができるのです。

1-2-4 ベクトル空間の要約

この項では$\mathbb{R}^n$のベクトルの基本的な性質を公理として、ベクトルをより抽象的な概念に拡張します。今まではベクトルを数の順序付き集合とし、幾何学的には空間の矢印や点と解釈していました。しかし、ベクトルの性質をできるだけ抽象的に捉えて定義すると、その全ての性質が矢印や点などではないものにも当てはまることがわかります。

ベクトルには二つの基本的な演算があります。それはここまでに学んだベクトルを足し算すること、ベクトルをある倍率で大きくしたり小さくしたりすることです。これによってベクトルを他のベクトルの線形結合で表すことができます。これをまとめるとベクトル空間（vector space）とは二つの演算を持つ集合Vであり、Vに属する任意のベクトル$\boldsymbol{u}, \boldsymbol{v}, \boldsymbol{w}$と、スカラー$c, d$に関して以下のような演算が成り立ちます。

1. $\boldsymbol{u}+\boldsymbol{v} \in V$（$V$は加法が閉じている）
2. $\boldsymbol{u}+\boldsymbol{v}=\boldsymbol{v}+\boldsymbol{u}$（加法の可換性）
3. $(\boldsymbol{u}+\boldsymbol{v})+\boldsymbol{w}=\boldsymbol{u}+(\boldsymbol{v}+\boldsymbol{w})$（加法の結合性）
4. $\boldsymbol{u}+\boldsymbol{0}=\boldsymbol{u}$（ゼロベクトルの存在）
5. $\boldsymbol{u}+(-\boldsymbol{u})=\boldsymbol{0}$（逆ベクトルの存在）
6. $c\boldsymbol{u} \in V$（Vはスカラー倍が閉じている）
7. $c(\boldsymbol{u}+\boldsymbol{v})=c\boldsymbol{u}+c\boldsymbol{v}$（スカラー倍の分配性）
8. $(c+d)\boldsymbol{u}=c\boldsymbol{u}+d\boldsymbol{u}$（スカラー倍の分配性）
9. $c(d\boldsymbol{u})=(cd)\boldsymbol{u}$（スカラー倍の結合性）
10. $1\boldsymbol{u}=\boldsymbol{u}$

これらを満たすものは全てベクトルのように振舞うことが保証されます。この定義によれば、一見すると矢印や数の集合体には見えないようなものをベクトルとみなすことができるのです。

例えばこの定義によれば連続関数というのもベクトルです。連続関数fとgに対して加算を$(f+g)(x)=f(x)+g(x)$とします。また、スカラーcによるスカラー倍を$(cf)(x)=cf(x)$と定めます。これにより連続関数の空間は先程の公理を全て満たすのでベクトル空間となります。

1.3 ベクトルの長さと内積

本節では二つのベクトルの積である内積について解説します。内積はベクトルの長さや角度といった、幾何的な性質を考える上で重要になる概念です。

1-3-1 内積

今まで二つのベクトルの和については見てきましたが、今度は二つのベクトルの積を考えてみましょう。ベクトルの積にはいくつか種類があり、その中でも内積（inner product）は特に重要です。

まずは内積の代数的な定義を説明します。実数u_1からu_nとv_1からv_nを成分とする$\mathbb{R}^n$のベクトル$\boldsymbol{u}$と$\boldsymbol{v}$があるとします。これらの内積は$\langle \boldsymbol{u}, \boldsymbol{v} \rangle$と表記され、（式1.20）のように定義されます。

$$\langle \boldsymbol{u}, \boldsymbol{v} \rangle = u_1v_1 + u_2v_2 + \cdots + u_nv_n = \sum_{i=1}^{n} u_iv_i \qquad \text{（式1.20）}$$

ここで、数列の総和を表す略記法としてギリシャ文字のΣを使った表記をしています。iはインデックスを表し$i = 1$とnは和の開始と終了のインデックスを示しています。

（式1.20）を見ると、内積は同じインデックスの成分の積を全て計算し、それらを足し合わせたものだとわかります。そして重要なのは、この演算で得られるのがベクトルではなくスカラーであることです。このことから内積はスカラー積（scalar product）とも呼ばれます。厳密には（式1.20）の定義は$\mathbb{R}^n$のユークリッド内積（Euclidean inner product）というもので、この定義の内積は$\boldsymbol{u} \cdot \boldsymbol{v}$と表記されてドット積（dot product）と呼ばれることも多いです。

例えば$\boldsymbol{u} = (-2, 3, 5)$と$\boldsymbol{v} = (6, 1, 0)$の内積は（式1.21）のように求まります。

$$\begin{aligned}\langle \boldsymbol{u}, \boldsymbol{v} \rangle &= u_1v_1 + u_2v_2 + u_3v_3 \\ &= -2 \cdot 6 + 3 \cdot 1 + 5 \cdot 0 \\ &= -9 \end{aligned} \qquad \text{（式1.21）}$$

これをPythonを使って求めてみましょう。NumPyには内積を計算する関数がいくつか用意されています。リスト1.17で使用している**vdot**関数は、指定された2次元の配列から内積を計算します。

リスト1.17 NumPyにおける内積

In

```
u = np.array([[-2, 3, 5]]).T
v = np.array([[6, 1, 0]]).T

np.vdot(u, v)
```

Out

```
-9
```

1.3 ベクトルの長さと内積

SymPyを使う場合には、**dot**メソッドを用いて内積を計算できます（リスト1.18）。

リスト1.18 SymPyにおける内積

In
```
u_s = sy.Matrix(u)
v_s = sy.Matrix(v)

u_s.dot(v_s)
```

Out
-9

内積とは幾何学的に解釈すると、二つのベクトルがどれだけ揃っているかを測るものです。内積が正であれば、ベクトルは概ね同じ方向を向いています。内積が負の場合、ベクトルは概ね反対方向を向いており、内積が0の場合には垂直です。これを$\mathbb{R}^2$において可視化してみましょう。例えば 図1.7 のベクトル$\boldsymbol{u}$と$\boldsymbol{v}$の関係は垂直であることがわかります。図のベクトルの内積は$3 \times (-1) + 1 \times 3 = 0$です。二つのベクトル$\boldsymbol{u}, \boldsymbol{v} \in \mathbb{R}^n$が$\langle \boldsymbol{u}, \boldsymbol{v} \rangle = 0$のとき、線形代数の用語では直交しているといいます。直交という言葉は$\mathbb{R}^2$や$\mathbb{R}^3$の小さな次元では垂直と同義語だと考えてください。

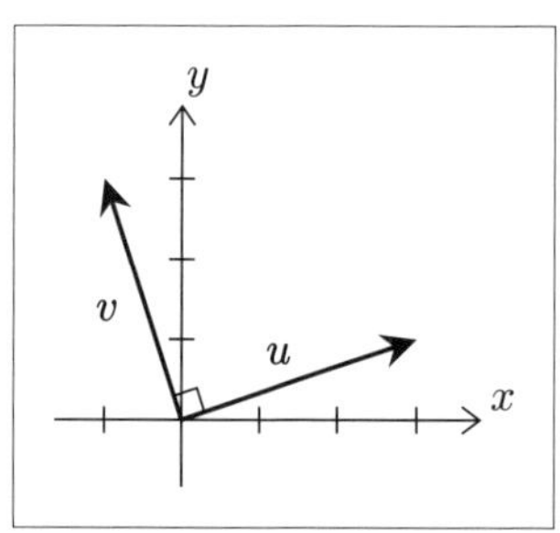

図1.7 直交する二つのベクトル

1-3-2 内積の性質

内積を利用するためには、内積が満たす数学的な性質について知っておく必要があります。内積の性質で重要なものは次の三つです。まず、（式1.22）に示すように内積の演算は可換であり$\boldsymbol{u}$と$\boldsymbol{v}$の順序は関係ありません。

$$\langle \boldsymbol{u}, \boldsymbol{v} \rangle = \langle \boldsymbol{v}, \boldsymbol{u} \rangle \qquad \text{(式1.22)}$$

内積の演算にも（式1.23）のように分配性があります。

$$\langle \boldsymbol{u}, \boldsymbol{v} + \boldsymbol{w} \rangle = \langle \boldsymbol{u}, \boldsymbol{v} \rangle + \langle \boldsymbol{u}, \boldsymbol{w} \rangle \qquad \text{(式1.23)}$$

片方のベクトルがスカラー倍された場合、内積もスカラー倍されます。スカラーをcとして次のようになります。

$$\langle c\boldsymbol{u}, \boldsymbol{v} \rangle = \langle \boldsymbol{u}, c\boldsymbol{v} \rangle = c \langle \boldsymbol{u}, \boldsymbol{v} \rangle \qquad \text{(式1.24)}$$

これらは内積の定義（式1.20）と、実数の演算の性質から証明できます。例えば（式1.22）の性質は（式1.25）のように成り立つことがわかります。

$$\begin{aligned} \langle \boldsymbol{u}, \boldsymbol{v} \rangle &= u_1 v_1 + u_2 v_2 + \cdots + u_n v_n \\ &= v_1 u_1 + v_2 u_2 + \cdots + v_n u_n \\ &= \langle v, u \rangle \end{aligned} \qquad \text{(式1.25)}$$

以上のように、内積も実数の積と同じような演算の性質を持っていることがわかります。

1-3-3 ベクトルの長さ

内積はベクトルの長さとベクトル間の角度を議論するのに役立ちます。ここではベクトルの長さの基本的な性質について説明します。まずは幾何学的に$\mathbb{R}^2$や$\mathbb{R}^3$でベクトル$\boldsymbol{v}$の長さの計算をしてみましょう。

ベクトルの長さを$\|\boldsymbol{v}\|$と表記します。図1.8（a）のようにベクトル$\boldsymbol{v} \in \mathbb{R}^2$を考えると、$\boldsymbol{v}$が直角三角形の斜辺となることに着目して$\|\boldsymbol{v}\|$を求めることができます。ピタゴラスの定理（三平方の定理）から$\|\boldsymbol{v}\|$は（式1.26）だとわかります。

$$\|\boldsymbol{v}\| = \sqrt{v_1^2 + v_2^2} = \sqrt{\langle \boldsymbol{v}, \boldsymbol{v} \rangle} \qquad \text{(式1.26)}$$

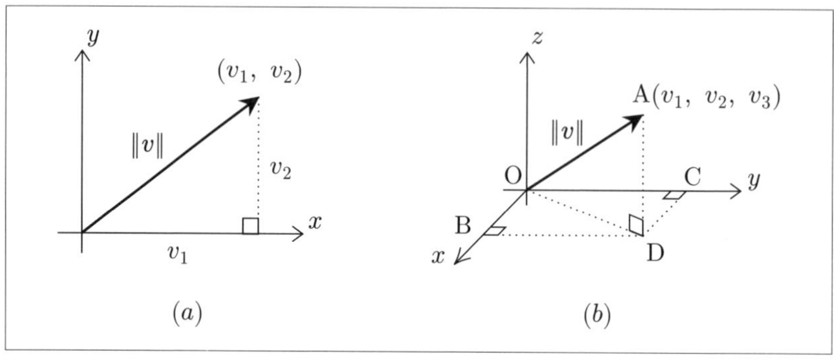

図1.8 ピタゴラスの定理からベクトルの長さが定まる

図1.8 (b) のベクトル$\boldsymbol{v} \in \mathbb{R}^3$の場合も考えてみましょう。この場合でも図に描かれる直角三角形に着目してください。$\|\boldsymbol{v}\|$は直角三角形OADの斜辺の長さです。また、辺ODは直角三角形OBDにおける斜辺でもあります。この関係からピタゴラスの定理を用いて（式1.27）の関係がわかります。

$$\begin{aligned}\|\boldsymbol{v}\|^2 &= (\mathrm{OD})^2 + (\mathrm{DA})^2 = (\mathrm{OB})^2 + (\mathrm{BD})^2 + (\mathrm{DA})^2 \\ &= v_1^2 + v_2^2 + v_3^2\end{aligned} \quad \text{（式1.27）}$$

よって、$\|\boldsymbol{v}\|$は（式1.28）のように表せます。

$$\|\boldsymbol{v}\| = \sqrt{v_1^2 + v_2^2 + v_3^2} = \sqrt{\langle \boldsymbol{v}, \boldsymbol{v} \rangle} \quad \text{（式1.28）}$$

$\|\boldsymbol{v}\| = 1$なら$\boldsymbol{v}$は単位ベクトル（unit vector）と呼ばれます。

以上のパターンを踏襲してベクトルの長さを定義します。v_1からv_nを成分とするベクトル$\boldsymbol{v} \in \mathbb{R}^n$の長さは（式1.29）となります。

$$\|\boldsymbol{v}\| = \sqrt{\langle \boldsymbol{v}, \boldsymbol{v} \rangle} = \sqrt{v_1^2 + v_2^2 + \cdots + v_n^2} = \sqrt{\sum_{k=1}^{n} v_k^2} \quad \text{（式1.29）}$$

ベクトルの長さはノルム (norm) あるいはベクトルノルムとも呼ばれます。この定義のノルムは$\|\boldsymbol{u}\|_2$と表記されたりもしますが、自明であれば単に$\|\boldsymbol{v}\|$と書かれます。ノルムには多くの種類があり、厳密には$\|\boldsymbol{u}\|_2$はユークリッドノルム (Euclidean norm) やL^2ノルムと呼ばれます。

正確にはノルムはベクトルの長さ（大きさ）の概念を与える関数です。以下の性質を満たす関数$\|\cdot\| : \mathbb{R}^n \to \mathbb{R}$をベクトルノルムと呼びます。

1. 全ての$\boldsymbol{v} \in \mathbb{R}^n$において$\|\boldsymbol{v}\| \geq 0$（$\boldsymbol{v} = \mathbf{0}$の場合にのみ$\|\boldsymbol{v}\| = 0$）
2. 全ての$c \in \mathbb{R}$において$\|c\boldsymbol{v}\| = |c| \, \|\boldsymbol{v}\|$
3. 全ての$\boldsymbol{u}, \boldsymbol{v} \in \mathbb{R}^n$において$\|\boldsymbol{u} + \boldsymbol{v}\| \leq \|\boldsymbol{v}\| + \|\boldsymbol{u}\|$

1番目と2番目の性質は幾何学的に考えてもわかりやすいと思います。3番目の性質については次の項で解説します。

ここで、ノルムの公理を満たすものとしてノルムの定義を拡張します。より一般化されたノルムは、$1 \leq p < \infty$に対して（式1.30）のように定義されます。

$$\|\boldsymbol{v}\|_p = \sqrt[p]{|v_1|^p + |v_2|^p + \cdots + |v_n|^p} = \left(\sum_{k=1}^{n} |v_k|^p\right)^{\frac{1}{p}} \qquad \text{(式1.30)}$$

これはp次平均ノルムやp-ノルムと呼ばれます。前述のユークリッドノルムは2-ノルムに対応します。

そのほか最大値ノルム（maximum norm）が（式1.31）のように定義されます。

$$\|\boldsymbol{v}\|_\infty = \max\left(|v_1|, |v_2|, \ldots, |v_n|\right) \qquad \text{(式1.31)}$$

最大値ノルムはp-ノルムの$p \to \infty$とした極限とみなせるため、∞-ノルム（無限大ノルム）とも呼ばれます。なぜこのようになるかは具体例を見るとわかりやすいです。（式1.32）のベクトル$\boldsymbol{v}$の最大値ノルムを求めてみます。

$$\boldsymbol{v} = \begin{bmatrix} 9 \\ 2 \\ -6 \end{bmatrix} \qquad \text{(式1.32)}$$

このベクトルに対して（式1.30）のp-ノルムの式は（式1.33）のように変形できます。

$$\begin{aligned} \|\boldsymbol{v}\|_p &= \left(|9|^p + |2|^p + |-6|^p\right)^{\frac{1}{p}} \\ &= \left(|9|^p\left(1 + \left(\frac{2}{9}\right)^p + \left(\frac{-6}{9}\right)^p\right)\right)^{\frac{1}{p}} \end{aligned} \qquad \text{(式1.33)}$$

$p \to \infty$と極限を取れば$\|\boldsymbol{v}\|_\infty$が（式1.34）のように求まります。

$$\|\boldsymbol{v}\|_\infty = \left(|9|^\infty\right)^{\frac{1}{\infty}} = |9| \qquad \text{(式1.34)}$$

このように∞-ノルムはベクトルの成分の中で最も絶対値の大きいものになります。

PythonでベクトルノルムをEd求めるにはSciPyを利用するのが簡単です。SciPyには線形代数用の**linalg**モジュールが用意されています。NumPyにも同名の**linalg**モジュールがありますが、用意されている関数の機能はSciPy版の方が豊富です。

例として、（式1.32）の$\boldsymbol{v}$に対してさまざまなノルムを計算してみます。

$$\|\boldsymbol{v}\|_2 = \sqrt{9^2 + 2^2 + (-6)^2} = 11 \quad \text{(式1.35)}$$

$$\|\boldsymbol{v}\|_\infty = \max(|9|, |2|, |-6|) = 9 \quad \text{(式1.36)}$$

$$\|\boldsymbol{v}\|_1 = |9| + |2| + |-6| = 17 \quad \text{(式1.37)}$$

SciPyは多くのモジュールから構成される大きなパッケージです。そのため、一般的にはSciPyからは必要なモジュールだけを選択してインポートします。本書ではSciPyの**linalg**モジュールだけを使用します（リスト1.19）。

リスト1.19 **scipy.linalg**モジュールをインポート

In
```
from scipy import linalg as sla
```

NumPyの配列に対してはSciPyの**linalg.norm**関数を使ってノルムを計算できます。ノルムの種類は第2引数（キーワード引数**ord**）に渡す値によって選択できます。デフォルトでは2-ノルムが計算されます。各ノルムはリスト1.20のように求まります。

リスト1.20 NumPyにおけるベクトルノルムの計算

In
```
v = np.array([[9, 2, -6]]).T

# 2-ノルム, 最大値ノルム, 1-ノルム
sla.norm(v), sla.norm(v, np.inf), sla.norm(v, 1)
```

Out
```
(11.0, 9.0, 17.0)
```

SymPyでは**Matrix**オブジェクトの**norm**メソッドを使用します。pの値を引数に与えることで計算するノルムの種類を選択できます。

リスト1.21 SymPyにおけるベクトルノルムの計算

In
```
v_s = sy.Matrix(v)

# 2-ノルム, 最大値ノルム, 1-ノルム
v_s.norm(), v_s.norm(sy.oo), v_s.norm(1)
```

Out
$(11,\ 9,\ 17)$

1-3-4 ベクトル間の角度

ここでは内積の応用としてベクトル間の角度について説明します。幾何学的に$\mathbb{R}^2$の二つのベクトル$\boldsymbol{u}$と$\boldsymbol{v}$でベクトル間の角度を考えてみましょう。ただし、これから説明する性質は$\mathbb{R}^n$のベクトルでも成り立つものです。図1.9に示すようにベクトル$\boldsymbol{u}$と$\boldsymbol{v}$を標準位置に配置すると、$\boldsymbol{u}, \boldsymbol{v}, \boldsymbol{u}-\boldsymbol{v}$の三つのベクトルが三角形AOBを形成します。図にあるように$\boldsymbol{u}$と$\boldsymbol{v}$のベクトル間の角度を$0 < \theta < \pi$とします。なお、角度の単位は度ではなくラジアンです。

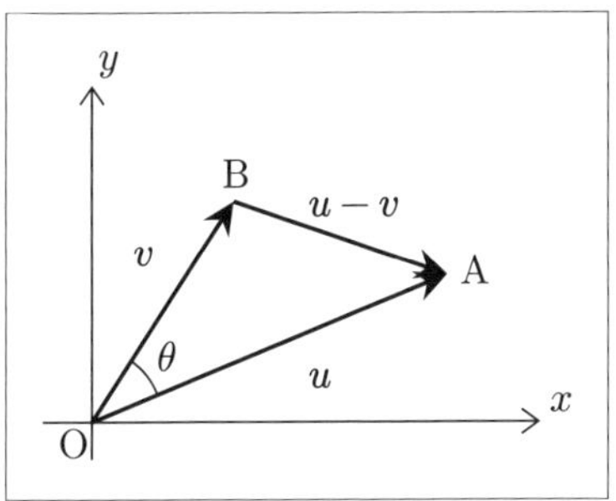

図1.9 $\boldsymbol{u}, \boldsymbol{v}, \boldsymbol{u}-\boldsymbol{v}$が形成する三角形AOB

三角形AOBに着目すると、余弦定理（law of cosines）から（式1.38）の関係が成り立つことがわかります。

$$\|\boldsymbol{u}-\boldsymbol{v}\|^2 = \|\boldsymbol{u}\|^2 + \|\boldsymbol{v}\|^2 - 2\|\boldsymbol{u}\|\|\boldsymbol{v}\|\cos\theta \tag{式1.38}$$

（式1.38）の左辺は内積の性質から次のようにも書けます。

$$
\begin{aligned}
\|\boldsymbol{u}-\boldsymbol{v}\|^2 &= \langle \boldsymbol{u}-\boldsymbol{v}, \boldsymbol{u}-\boldsymbol{v} \rangle \\
&= \langle \boldsymbol{u}, \boldsymbol{u} \rangle - 2\langle \boldsymbol{u}, \boldsymbol{v} \rangle + \langle \boldsymbol{v}, \boldsymbol{v} \rangle \\
&= \|\boldsymbol{u}\|^2 - 2\langle \boldsymbol{u}, \boldsymbol{v} \rangle + \|\boldsymbol{v}\|^2
\end{aligned}
\qquad \text{(式1.39)}
$$

（式1.38）と（式1.39）から（式1.40）が得られます。

$$
\|\boldsymbol{u}\|^2 - 2\langle \boldsymbol{u}, \boldsymbol{v} \rangle + \|\boldsymbol{v}\|^2 = \|\boldsymbol{u}\|^2 + \|\boldsymbol{v}\|^2 - 2\|\boldsymbol{u}\|\|\boldsymbol{v}\|\cos\theta \qquad \text{(式1.40)}
$$

この式を整理すれば、内積は（式1.41）のようにも表せることがわかります。

$$
\langle \boldsymbol{u}, \boldsymbol{v} \rangle = \|\boldsymbol{u}\|\|\boldsymbol{v}\|\cos\theta \qquad \text{(式1.41)}
$$

ベクトル$\boldsymbol{u}$と$\boldsymbol{v}$がゼロベクトルでなければ、内積は$\boldsymbol{u}$と$\boldsymbol{v}$のなす角度θによって値が変わります。特に$\theta = 0, \pi/2, \pi$では（式1.42）のような値になります。

$$
\langle \boldsymbol{u}, \boldsymbol{v} \rangle = \begin{cases} \|\boldsymbol{u}\|\|\boldsymbol{v}\| & (\theta = 0) \\ 0 & (\theta = \pi/2) \\ -\|\boldsymbol{u}\|\|\boldsymbol{v}\| & (\theta = \pi) \end{cases} \qquad \text{(式1.42)}
$$

さてここで、（式1.38）の余弦定理とコーシー・シュワルツの不等式（Cauchy-Schwarz inequality）を用いて内積の和の性質について解説します。コーシー・シュワルツの不等式は数学で頻繁に登場する不等式の一つであり、（式1.41）より導けます。$|\cos\theta| \leq 1$なので、$\mathbb{R}^n$のベクトル$\boldsymbol{u}$と$\boldsymbol{v}$について（式1.43）の式が成り立ちます。

$$
|\langle \boldsymbol{u}, \boldsymbol{v} \rangle| \leq \|\boldsymbol{u}\|\|\boldsymbol{v}\| \qquad \text{(式1.43)}
$$

この不等式がコーシー・シュワルツの不等式です。等号は$\theta = 0$か$\theta = \pi$の場合、つまり二つのベクトルが一直線上に並ぶ場合に成り立ちます。これはcをスカラーとして$\boldsymbol{v} = c\boldsymbol{u}$である場合に対応します。

ベクトル$\boldsymbol{u}$と$\boldsymbol{v}$を三角形の2辺とすれば、コーシー・シュワルツの不等式を使って（式1.44）が求まります。

$$
\begin{aligned}
\|\boldsymbol{u}+\boldsymbol{v}\|^2 &= \|\boldsymbol{u}\|^2 + 2\langle \boldsymbol{u}, \boldsymbol{v} \rangle + \|\boldsymbol{v}\|^2 \\
&\leq \|\boldsymbol{u}\|^2 + 2\|\boldsymbol{u}\|\|\boldsymbol{v}\| + \|\boldsymbol{v}\|^2 \\
&= (\|\boldsymbol{u}\| + \|\boldsymbol{v}\|)^2
\end{aligned}
\qquad \text{(式1.44)}
$$

よって、（式1.45）が導けます。

$$\|\boldsymbol{u}+\boldsymbol{v}\| \leq \|\boldsymbol{u}\| + \|\boldsymbol{v}\| \qquad \text{(式1.45)}$$

（式1.45）の不等式を三角不等式（triangle inequality）と呼びます。三角不等式は三角形の1辺の長さが他の2辺の長さの和より大きくなることはない、ということを表した式です。そしてこれはベクトルノルムの重要な性質の一つでもあります。なお、等号は$\boldsymbol{v} = c\boldsymbol{u}$の場合に成り立ちます。

ベクトル間の角度をNumPyとSciPyを使って求めてみましょう。ベクトル$\boldsymbol{u} = (-2, 3, 5)$と$\boldsymbol{v} = (6, 1, 0)$のノルムは（式1.46）と（式1.47）のようになります。

$$\|\boldsymbol{u}\| = \sqrt{38} = 6.16 \qquad \text{(式1.46)}$$

$$\|\boldsymbol{v}\| = \sqrt{37} = 6.08 \qquad \text{(式1.47)}$$

ノルムはリスト1.22のように求まります。

リスト1.22 ノルムの確認

In

```
u = np.array([[-2, 3, 5]]).T
v = np.array([[6, 1, 0]]).T

sla.norm(u), sla.norm(v)
```

Out

```
(6.16441400296898, 6.08276253029822)
```

そして、（式1.41）から角度の余弦が計算できます。

$$\cos\theta = \frac{\langle \boldsymbol{u}, \boldsymbol{v} \rangle}{\|\boldsymbol{u}\| \, \|\boldsymbol{v}\|} = \frac{-9}{\sqrt{38}\sqrt{37}} = -0.24 \qquad \text{(式1.48)}$$

よって、角度は次のようになります。

$$\theta = \cos^{-1}(-0.24) = 1.81 \,\mathrm{rad} = 103.89^\circ \qquad \text{(式1.49)}$$

ただし、この計算方法で数値計算を行うと、ベクトルが平行な場合に丸め誤差によって$|\cos\theta| > 1$となることがあります。そこで**np.clip**関数を使って$\cos\theta$の範囲に制限を設けると汎用的に使えるコードになります（リスト1.23）。

リスト1.23 ベクトル間の角度を計算

In

```
c = np.vdot(u, v) / (sla.norm(u) * sla.norm(v))
angle = np.arccos(np.clip(c, -1, 1))
np.rad2deg(angle)
```

Out

```
103.887799644072
```

第2章 行列

本章では、数を矩形状に並べたものである行列について、Pythonによる実例も交えつつ解説します。具体的には行列の代数学による定義や基本的な演算、いくつかの特徴的な行列を紹介します。

2.1 行列

本節では行列の代数的な定義を説明します。また、Pythonにおいてどのように行列を表現するのかも紹介します。

2-1-1 行列の定義

行列（matrix）は矩形状に数を順番付けて並べたものです。（式2.1）に行列の例を示します。このように行列は縦横に数を並べた構造をしています。

$$\mathbf{A}=\begin{bmatrix}1 & -3\\0 & 4\end{bmatrix},\ \mathbf{B}=\begin{bmatrix}0 & 1 & -4\\2 & 5 & -1\end{bmatrix} \quad (式2.1)$$

行列を表す記号は通常大文字で表されます。本書では$\mathbf{A}$のような太字の立体（ローマン体）を使うことにしています。

行列の横方向を行（row）、縦方向を列（column）と呼びます。行と列の数の対は型（type）やサイズと呼ばれます。例えば、（式2.1）の行列$\mathbf{A}$と$\mathbf{B}$はそれぞれ2行2列、2行3列の行列であるので、行列のサイズは2×2と2×3と表記されます。成分が実数の$m\times n$行列の集合を$\mathcal{M}_{m\times n}(\mathbb{R})$とし、$\mathbf{A}\in\mathcal{M}_{m\times n}(\mathbb{R})$のように書かれることもあります。特に$m=n$の場合は行列を正方行列と呼び、$\mathbf{A}\in\mathcal{M}_n(\mathbb{R})$と表すこともあります。

ここで、行列$\mathbf{A}$が$m\times n$の行列だとします。行列$\mathbf{A}$のi番目の行とj番目の列にある成分をa_{ij}と表せば、$m\times n$の行列は（式2.2）のように書かれます。なお、a_{ij}は誤解を避けるために$a_{i,j}$と表記されることもあります。

$$\mathbf{A}=\begin{bmatrix}a_{11} & a_{12} & \cdots & a_{1n}\\a_{21} & a_{22} & \cdots & a_{2n}\\\vdots & \vdots & \ddots & \vdots\\a_{m1} & a_{m2} & \cdots & a_{mn}\end{bmatrix} \quad (式2.2)$$

行列はコンパクトな形で（式2.3）のようにも表現されます。

$$\mathbf{A}=[a_{ij}] \quad (式2.3)$$

i行j列目の成分を特に行列の(i,j)成分と呼びます。例えば（式2.1）の行列$\mathbf{A}$の$(1,2)$成分は$a_{12}=-3$です。

行列の表現を見ていて行列とベクトルが似ていることに気付かれたかもしれま

せん。実はベクトルは行列の特殊な場合とみなすことができ、一つの列を持つ行列を列ベクトル、一つの行を持つ行列を行ベクトルと扱うことができます。このあと行列の演算について見ていくことになりますが、そこで行列とベクトルで共通する性質などがわかってきます。

2-1-2 Pythonでの行列の表現

Pythonにおいて行列を用いた計算をするにはベクトルと同じくNumPyの**ndarray**を使うのが一般的です。記号計算を行いたいときにはSymPyを使います。まずは リスト2.1 を実行してモジュールをインポートします。

リスト2.1 モジュールのインポート

In

```
import numpy as np
import sympy as sy
sy.init_printing()
```

例として（式2.4）の行列を**ndarray**で作成してみます。

$$\mathbf{A} = \begin{bmatrix} 1 & 4 & 7 \\ 2 & 5 & 8 \\ 3 & 6 & 9 \end{bmatrix} \qquad \text{(式2.4)}$$

リスト2.2 のように2重のリストの形式で行列の成分を指定します。リストは複数の行ベクトルを列方向に並べたような形をしています。

リスト2.2 NumPyによる行列の作成

In

```
A = np.array([[1, 4, 7],
              [2, 5, 8],
              [3, 6, 9]])
A
```

Out

```
array([[1, 4, 7],
       [2, 5, 8],
       [3, 6, 9]])
```

作成されたオブジェクトは**ndarray**なので**shape**属性からその形状を確認できます。つまりこれは行列のサイズを表すので、この場合では3行3列の行列であることが確認できます（リスト2.3）。

リスト2.3 行列の形状

In
```
A.shape
```

Out
```
(3, 3)
```

SymPyで行列を表現するには、ベクトルのときと同じように**Matrix**クラスを使います（リスト2.4）。

リスト2.4 SymPyによる行列の作成

In
```
A_s = sy.Matrix([[1, 4, 7],
                 [2, 5, 8],
                 [3, 6, 9]])
A_s
```

Out

$$\begin{bmatrix} 1 & 4 & 7 \\ 2 & 5 & 8 \\ 3 & 6 & 9 \end{bmatrix}$$

NumPy、SciPy、SymPyには特殊なベクトルや行列を作成するための関数が多数用意されています。ここではその例としてゼロ行列と単位行列を作成する関数を紹介します。成分が全て0である行列をゼロ行列（zero matirx）と呼びます。本書ではゼロ行列を$\boldsymbol{O}$と表記します。

成分が全て0である配列はNumPyの**zeros**関数で作成できます（リスト2.5）。引数にはゼロ行列の行と列の数を指定します。

リスト2.5 NumPyにおけるゼロ行列の作成

In
```
np.zeros((3, 3))
```

Out
```
array([[0., 0., 0.],
       [0., 0., 0.],
       [0., 0., 0.]])
```

SymPyにも同名の**zeros**関数があり、成分が全て0の行列を作成できます（リスト2.6）。この関数の引数に値を一つだけ指定した場合には、正方行列としてゼロ行列が作成されます。

リスト2.6 SymPyでのゼロ行列の作成

In
```
sy.zeros(3)
```

Out

$$\begin{bmatrix} 0 & 0 & 0 \\ 0 & 0 & 0 \\ 0 & 0 & 0 \end{bmatrix}$$

$n \times n$行列において対角成分a_{ii} $(i = 1, 2, \ldots, n)$が1、それ以外の成分が0である行列を単位行列（identity matrix）と呼び、本書では$\mathbf{I}$と表記します。NumPyには単位行列を作成する**eye**関数や**identity**関数が用意されています（リスト2.7）。引数には行数（正方行列なので列数でもある）を指定します。

リスト2.7 NumPyにおける単位行列の作成

In
```
np.eye(3)
```

Out
```
array([[1., 0., 0.],
       [0., 1., 0.],
       [0., 0., 1.]])
```

リスト2.8のようにSymPyにも単位行列を作成する**eye**関数が用意されています。

リスト2.8 SymPyにおける単位行列の作成

In
```
sy.eye(3)
```

Out

$$\begin{bmatrix}1 & 0 & 0\\0 & 1 & 0\\0 & 0 & 1\end{bmatrix}$$

2.2 基本的な行列の性質

本節では行列の乗法といった基本的な行列演算について説明します。

2-2-1 行列の基本演算

行列の最も基本的な演算である加法とスカラー倍の定義から紹介します。行列の加法はベクトルの加法と同じように、二つの同じ形状の行列に対して定義されます。$m \times n$行列である$\mathbf{A} = [a_{ij}]$と$\mathbf{B} = [b_{ij}]$に対して、$\mathbf{A}$と$\mathbf{B}$の和は（式2.5）のようになります。

$$\mathbf{A} + \mathbf{B} = [a_{ij}] + [b_{ij}] = [a_{ij} + b_{ij}] \tag{式2.5}$$

行列のスカラー倍は任意のスカラーcと行列$\mathbf{A} = [a_{ij}]$に対して（式2.6）で定義されます。

$$c\mathbf{A} = [ca_{ij}] \tag{式2.6}$$

この二つの演算の例を（式2.7）と（式2.8）に示します。

$$\begin{aligned}\begin{bmatrix}1 & 2 & 3\\4 & 5 & 6\end{bmatrix} + \begin{bmatrix}11 & 12 & 13\\14 & 15 & 16\end{bmatrix} &= \begin{bmatrix}1+11 & 2+12 & 3+13\\4+14 & 5+15 & 6+16\end{bmatrix}\\&= \begin{bmatrix}12 & 14 & 16\\18 & 20 & 22\end{bmatrix}\end{aligned} \tag{式2.7}$$

$$
\begin{aligned}
2\begin{bmatrix}1 & 2 & 3\\4 & 5 & 6\end{bmatrix} &= \begin{bmatrix}2\cdot 1 & 2\cdot 2 & 2\cdot 3\\2\cdot 4 & 2\cdot 5 & 2\cdot 6\end{bmatrix}\\
&= \begin{bmatrix}2 & 4 & 6\\8 & 10 & 12\end{bmatrix}
\end{aligned}
\qquad \text{(式2.8)}
$$

この例をNumPyを使って確認してみましょう。行列の和を求めるには**+**演算子を使います（リスト2.9）。

リスト2.9 NumPyにおける行列の和

In

```
A = np.array([[1, 2, 3],
              [4, 5, 6]])
B = np.array([[11, 12, 13],
              [14, 15, 16]])


A + B
```

Out

```
array([[12, 14, 16],
       [18, 20, 22]])
```

スカラー倍は*****演算子を使ってリスト2.10のように求めることができます。

リスト2.10 NumPyにおける行列のスカラー倍

In

```
c = 2


c * A
```

Out

```
array([[ 2,  4,  6],
       [ 8, 10, 12]])
```

SymPyの**Matrix**オブジェクトを使用する場合も同様です。リスト2.11によって行列の和を計算しています。

リスト2.11 SymPyにおける行列の和

In
```
A_s = sy.Matrix(A)
B_s = sy.Matrix(B)

A_s + B_s
```

Out

$$\begin{bmatrix}12 & 14 & 16\\18 & 20 & 22\end{bmatrix}$$

スカラー倍はリスト2.12のようにして求まります。

リスト2.12 SymPyにおける行列のスカラー倍

In
```
c * A_s
```

Out

$$\begin{bmatrix}2 & 4 & 6\\8 & 10 & 12\end{bmatrix}$$

行列の和、スカラー倍の演算に関しては以下のような性質があります。これはベクトルの公理と同じものであり、このことからベクトルが行列の特殊な場合とみなせることが理解できます。ここで、cとdは任意のスカラーであり、$\mathbf{A}, \mathbf{B}, \mathbf{C}$は同じサイズの行列です。

1. $\mathbf{A}+\mathbf{B}=\mathbf{B}+\mathbf{A}$
2. $(\mathbf{A}+\mathbf{B})+\mathbf{C}=\mathbf{A}+(\mathbf{B}+\mathbf{C})$
3. $\mathbf{O}+\mathbf{A}=\mathbf{A}$
4. $\mathbf{A}+(-\mathbf{A})=\mathbf{O}$
5. $c\left(\mathbf{A}+\mathbf{B}\right)=c\mathbf{A}+c\mathbf{B}$
6. $(c+d)\,\mathbf{A}=c\mathbf{A}+d\mathbf{A}$
7. $c\left(d\mathbf{A}\right)=(cd)\,\mathbf{A}$
8. $1\mathbf{A}=\mathbf{A}$

次に行列の乗法（matrix multiplication）について見てみましょう。行列の加法は対応する成分で和を求めていたので、行列の乗法は対応する成分で積を計算するのが自然に思われます。しかし、そのような定義はあまり意味がないことが判明し、行列の積は違う形で定義されました。行列の積（matrix product）と呼ばれる定義では、正の整数m, n, pとして$\mathbf{A}$が$m \times p$行列、$\mathbf{B}$が$p \times n$行列である場合にだけ計算できます。$\mathbf{C} = \mathbf{AB}$は$m \times n$行列となり、その(i, j)成分は（式2.9）と定義されます。

$$[\mathbf{AB}]_{ij} = a_{i1}b_{1j} + a_{i2}b_{2j} + \cdots + a_{ip}b_{pj} = \sum_{k=1}^{p} a_{ik}b_{kj} \qquad \text{（式2.9）}$$

（式2.9）は行列の積$\mathbf{AB}$の各成分が$\mathbf{A}$の行ベクトルと$\mathbf{B}$の列ベクトルの内積であることを表しています。これを可視化したものが図2.1です。この図では$\mathbf{A}$は3×2、$\mathbf{B}$は2×4の行列としています。$\mathbf{A}$の列数と$\mathbf{B}$の行数が一致しているので$\mathbf{AB}$を計算できます。そして、$\mathbf{AB}$のサイズは3×4となります。

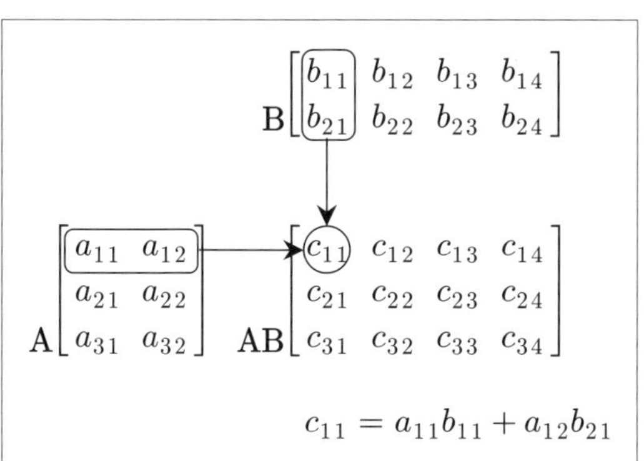

図2.1 3×2行列$\mathbf{A}$と2×4行列$\mathbf{B}$の積

次の（式2.10）に示す行列の積をPythonを使って求めてみましょう。

$$\begin{aligned}\begin{bmatrix}3 & 1 & 4\\ 1 & 5 & 2\end{bmatrix}\begin{bmatrix}-1 & 0\\ 1 & 1\\ 2 & 0\end{bmatrix} &= \begin{bmatrix}3\cdot(-1)+1\cdot1+4\cdot2 & 3\cdot0+1\cdot1+4\cdot0\\ 1\cdot(-1)+5\cdot1+2\cdot2 & 1\cdot0+5\cdot1+2\cdot0\end{bmatrix}\\ &= \begin{bmatrix}6 & 1\\ 8 & 5\end{bmatrix}\end{aligned} \qquad \text{（式2.10）}$$

NumPyを使う場合、行列の積には**@**演算子（または**dot**メソッド）を使用します。リスト2.13を実行すると（式2.10）の積が求まります。

リスト2.13 NumPyにおける行列の積

In
```
A = np.array([[3, 1, 4],
              [1, 5, 2]])
B = np.array([[-1, 0],
              [1, 1],
              [2, 0]])


A @ B
```

Out
```
array([[6, 1],
       [8, 5]])
```

なお、NumPyでは同じサイズの**ndarray**に対して*演算子を使用した場合、対応する成分ごとの積で定まる$[a_{ij}b_{ij}]$が計算されます。この積はアダマール積（Hadamard product）と呼ばれます。

Matrixオブジェクトでは*演算子で行列の積が計算されます（リスト2.14）。

リスト2.14 SymPyにおける行列の積

In
```
A_s = sy.Matrix(A)
B_s = sy.Matrix(B)


A_s * B_s
```

Out

$$\begin{bmatrix}6 & 1\\8 & 5\end{bmatrix}$$

行列の積の性質を以下にまとめておきます。

1. $\mathbf{A}, \mathbf{B}, \mathbf{C}$がそれぞれ$m \times p$、$p \times k$、$k \times n$行列である場合、
$(\mathbf{AB})\,\mathbf{C} = \mathbf{A}\,(\mathbf{BC})$
2. $c\,(\mathbf{AB}) = (c\mathbf{A})\,\mathbf{B} = \mathbf{A}\,(c\mathbf{B})$
3. $\mathbf{A}, \mathbf{B}$が$m \times n$行列で$\mathbf{C}$が$n \times p$行列である場合、
$(\mathbf{A} + \mathbf{B})\,\mathbf{C} = \mathbf{AC} + \mathbf{BC}$

4. $\mathbf{A}, \mathbf{B}$が$m \times n$行列で$\mathbf{D}$が$p \times m$行列である場合、
$\mathbf{D}(\mathbf{A}+\mathbf{B}) = \mathbf{DA} + \mathbf{DB}$

行列の積では交換法則が成立しないことに注意してください。$\mathbf{AB}$が定義されても、$\mathbf{BA}$が定義されない場合があります。また、両者が定義されていても一般には$\mathbf{AB} = \mathbf{BA}$とはなりません。

行列の積は行列の和に比べて演算回数が多く、求めるのに時間がかかります。$m \times p$行列$\mathbf{A}$と$p \times n$行列$\mathbf{B}$の積$\mathbf{AB}$を計算する場合、$\mathbf{AB}$の一つの成分を計算するのにp回の乗算を要します。$\mathbf{AB}$の列数はnなので、1行の成分を計算するためには$p \times n$回の乗算が必要です。さらに、$\mathbf{AB}$の行数はmなので、乗算の総数は$p \times m \times n$回であるとわかります。$\mathbf{A}$と$\mathbf{B}$が両方とも$n \times n$行列である場合、乗算の総数はn^3回です。例えば100×100行列の場合、その積の計算には1000000回もの乗算が必要になります。

2-2-2 ブロック行列

大きな行列を扱う際には、行列をいくつかの長方形のブロックに分割して扱うと有効な場合があります。いくつかの小行列のブロックに区分けされた行列をブロック行列（block matrix）、区分行列と呼びます。

例えば、（式2.11）の行列$\mathbf{A}$があるとします。

$$\mathbf{A} = \begin{bmatrix} 1 & 0 & 1 & 0 \\ 0 & 1 & 0 & 1 \\ 0 & 0 & -4 & 1 \end{bmatrix} \qquad \text{(式2.11)}$$

この行列を（式2.12）に示す四つの小行列に分解すると決めたとします。

$$\mathbf{A} = \left[\begin{array}{cc|cc} 1 & 0 & 1 & 0 \\ 0 & 1 & 0 & 1 \\ \hline 0 & 0 & -4 & 1 \end{array}\right] \qquad \text{(式2.12)}$$

小行列は二つの単位行列$\mathbf{I}$と一つのゼロ行列$\mathbf{O}$、残りは（式2.13）としました。

$$\mathbf{C} = \begin{bmatrix} -4 & 1 \end{bmatrix} \qquad \text{(式2.13)}$$

これらの小行列によって$\mathbf{A}$は（式2.14）のように表すことができます。

$$\mathbf{A} = \begin{bmatrix} \mathbf{I} & \mathbf{I} \\ \mathbf{O} & \mathbf{C} \end{bmatrix} \qquad \text{(式2.14)}$$

一般には行や列をいくつに分割してもよく、小行列を$\mathbf{A}_{ij}$としてブロック行列は（式2.15）で表されます。

$$\begin{bmatrix} \mathbf{A}_{11} & \mathbf{A}_{12} & \cdots & \mathbf{A}_{1q} \\ \mathbf{A}_{21} & \mathbf{A}_{22} & \cdots & \mathbf{A}_{2q} \\ \vdots & \vdots & \ddots & \vdots \\ \mathbf{A}_{p1} & \mathbf{A}_{p2} & \cdots & \mathbf{A}_{pq} \end{bmatrix} \quad \text{(式2.15)}$$

ただし、同じ行にある小行列の行数が等しく、同じ列にある小行列の列数も等しくなければいけません。

ブロック行列は普通の行列と同じように和、スカラー倍を計算できます。そして、行列の積も計算できるのが重要なポイントです。例えば、（式2.16）の行列$\mathbf{B}$があったとします。

$$\mathbf{B} = \begin{bmatrix} 1 & 0 & 0 \\ 0 & 1 & 0 \\ 0 & 0 & 2 \\ 0 & 0 & 1 \end{bmatrix} \quad \text{(式2.16)}$$

これを$\mathbf{A}$と同じように四つのブロックに分割します。$\mathbf{B}$は（式2.17）のように表すことができます。

$$\mathbf{B} = \begin{bmatrix} \mathbf{I} & \mathbf{O} \\ \mathbf{O} & \mathbf{D} \end{bmatrix} \quad \text{(式2.17)}$$

ここで、小行列$\mathbf{D}$は（式2.18）としました。

$$\mathbf{D} = \begin{bmatrix} 2 \\ 1 \end{bmatrix} \quad \text{(式2.18)}$$

さて、ブロック行列の形式で行列の積$\mathbf{AB}$を求めてみましょう。小行列の行数と列数が適切であれば、ブロック行列の積は各小行列をあたかも行列の成分のようにみなして計算できます。（式2.14）と（式2.17）から$\mathbf{AB}$はブロック行列の形式で（式2.19）であることがわかります。

$$\begin{aligned} \mathbf{AB} &= \begin{bmatrix} \mathbf{I} & \mathbf{I} \\ \mathbf{O} & \mathbf{C} \end{bmatrix} \begin{bmatrix} \mathbf{I} & \mathbf{O} \\ \mathbf{O} & \mathbf{D} \end{bmatrix} \\ &= \begin{bmatrix} \mathbf{II} + \mathbf{IO} & \mathbf{IO} + \mathbf{ID} \\ \mathbf{OI} + \mathbf{CO} & \mathbf{OO} + \mathbf{CD} \end{bmatrix} = \begin{bmatrix} \mathbf{I} & \mathbf{D} \\ \mathbf{O} & \mathbf{CD} \end{bmatrix} \end{aligned} \quad \text{(式2.19)}$$

単位行列やゼロ行列の積は計算が簡単です。さらにこの例では$\mathbf{CD} = [-7]$と簡単に求められるので、結局$\mathbf{AB}$は（式2.20）となります。

$$\mathbf{AB} = \begin{bmatrix} \mathbf{I} & \mathbf{D} \\ \mathbf{O} & \mathbf{CD} \end{bmatrix} = \begin{bmatrix} 1 & 0 & 2 \\ 0 & 1 & 1 \\ 0 & 0 & -7 \end{bmatrix} \quad \text{（式2.20）}$$

この例のように行列をブロック行列として表すことができれば、少ない演算回数で行列の積を求めることができます。

（式2.19）の行列の積$\mathbf{AB}$をNumPyを使って求め、結果を確認してみましょう。NumPyでは複数の**ndarray**を小行列として一つの**ndarray**を構築する関数がいくつか用意されています。リスト2.15では**block**関数を使って行列$\mathbf{A}$と$\mathbf{B}$を作成しています。そしてリスト2.15を実行すると行列の積$\mathbf{AB}$が求まります。

リスト2.15 **block**関数を用いたブロック行列の作成

In

```
C = np.array([[-4, 1]])
D = np.array([[2],
              [1]])

A = np.block([[np.eye(2), np.eye(2)],
              [np.zeros((1, 2)), C]])

B = np.block([[np.eye(2), np.zeros((2, 1))],
              [np.zeros((2, 2)), D]])

A @ B
```

Out

```
array([[ 1.,  0.,  2.],
       [ 0.,  1.,  1.],
       [ 0.,  0., -7.]])
```

SymPyを使って行列の積$\mathbf{AB}$を表してみましょう。行列記号を表現するには**MatrixSymbol**クラスを使います。またこの行列記号の表現でブロック行列を構築するには、リスト2.16のように**BlockMatrix**クラスを使います。このサンプルコードの最後では、行列の成分を明示するために**as_explicit**メソッドを使っています。実行結果を見ると$\mathbf{AB}$の成分が簡単な数式の形で表せることが確認できます。

リスト2.16 行列記号で表現したブロック行列の積

In

```
C = sy.MatrixSymbol('C', 1, 2)
D = sy.MatrixSymbol('D', 2, 1)

A = sy.BlockMatrix([[sy.Identity(2), sy.Identity(2)],
                    [sy.ZeroMatrix(1, 2), C]])

B = sy.BlockMatrix([[sy.Identity(2), sy.ZeroMatrix(2, 1)],
                    [sy.ZeroMatrix(2, 2), D]])

(A * B).as_explicit()
```

Out

$$\begin{bmatrix} 1 & 0 & D_{0,0} \\ 0 & 1 & D_{1,0} \\ 0 & 0 & C_{0,0}D_{0,0} + C_{0,1}D_{1,0} \end{bmatrix}$$

2-2-3 逆行列

まずは実数における逆数というものを考えてみましょう。実数aの逆数bとは（式2.21）を満たす数です。

$$a \times b = b \times a = 1 \qquad \text{(式2.21)}$$

この定義より、逆数は$b = \frac{1}{a} = a^{-1}$のように表されます。

さて、行列においても実数でいう逆数に相当する行列を定義することができます。それが逆行列（inverse matrix）です。$n \times n$行列$\mathbf{A}$に対して（式2.22）の関係を満たす$n \times n$行列$\mathbf{B}$を逆行列と呼びます。

$$\mathbf{AB} = \mathbf{BA} = \mathbf{I} \qquad \text{(式2.22)}$$

逆行列が存在する場合、$\mathbf{A}$は正則（regular）、非特異（non-singular）、あるいは可逆（invertible）であるといいます。

ここで、一つの行列に対して逆行列が複数存在することがあるか考えてみます。$\mathbf{B} \neq \mathbf{C}$である$\mathbf{B}$と$\mathbf{C}$が行列$\mathbf{A}$の逆行列であると仮定すれば、次の二つの式が成り立ちます。

$$\mathbf{AB} = \mathbf{BA} = \mathbf{I} \qquad \text{(式2.23)}$$

$$\mathbf{AC} = \mathbf{CA} = \mathbf{I} \qquad \text{(式2.24)}$$

行列の積$\mathbf{BAC}$にこれらの式を代入し、次のように式を整理していきます。

$$\begin{aligned} \mathbf{B}(\mathbf{AC}) &= (\mathbf{BA})\mathbf{C} \\ \mathbf{BI} &= \mathbf{IC} \\ \mathbf{B} &= \mathbf{C} \end{aligned} \qquad \text{(式2.25)}$$

$\mathbf{B} = \mathbf{C}$は仮定と矛盾する結果です。よって、一つの行列に対する逆行列は一つしか存在しないことがわかります。

$\mathbf{B}$が$\mathbf{A}$の逆行列であるかは、$\mathbf{AB} = \mathbf{I}$か$\mathbf{BA} = \mathbf{I}$のどちらかを確認するだけで判定できます。ここでは$\mathbf{BA} = \mathbf{I}$と仮定します。すると、(式2.26) の関係が成り立ちます。

$$\mathbf{ABAB} = \mathbf{AIB} = \mathbf{AB} \qquad \text{(式2.26)}$$

この式を変形することで (式2.27) が求まります。

$$\mathbf{AB}(\mathbf{AB} - \mathbf{I}) = \mathbf{O} \qquad \text{(式2.27)}$$

$\mathbf{AB} = \mathbf{O}$であれば、積$\mathbf{ABA}$を次の二つの式で表現できます。

$$\mathbf{ABA} = \mathbf{OA} = \mathbf{O} \qquad \text{(式2.28)}$$

$$\mathbf{ABA} = \mathbf{AI} = \mathbf{A} \qquad \text{(式2.29)}$$

これらの式から$\mathbf{A} = \mathbf{O}$という仮定と矛盾した結果が得られます。よって、$\mathbf{AB} - \mathbf{I} = \mathbf{O}$であるので$\mathbf{AB} = \mathbf{I}$が成り立ちます。同様の方法により$\mathbf{AB} = \mathbf{I}$であれば$\mathbf{BA} = \mathbf{I}$であると導けます。

行列$\mathbf{A}$の逆行列を$\mathbf{A}^{-1}$と表記すれば (式2.30) が得られます。

$$\mathbf{A}^{-1}\mathbf{A} = \mathbf{AA}^{-1} = \mathbf{I} \qquad \text{(式2.30)}$$

この定義から、(式2.31) のように$\mathbf{A}^{-1}$の逆行列が$\mathbf{A}$であるということもわかります。

$$\left(\mathbf{A}^{-1}\right)^{-1} = \mathbf{A} \tag{式2.31}$$

逆行列は行列形式の方程式を変形する際に有用な性質をいくつか持っています。例えば（式2.32）が成り立ちます。

$$\left(\mathbf{B}^{-1}\mathbf{A}^{-1}\right)(\mathbf{AB}) = \mathbf{B}^{-1}\left(\mathbf{A}^{-1}\mathbf{A}\right)\mathbf{B} = \mathbf{B}^{-1}\mathbf{B} = \mathbf{I} \tag{式2.32}$$

この式から、行列の積$\mathbf{AB}$の逆行列と各行列の逆行列$\mathbf{A}^{-1}, \mathbf{B}^{-1}$には（式2.33）の関係があるとわかります。

$$(\mathbf{AB})^{-1} = \mathbf{B}^{-1}\mathbf{A}^{-1} \tag{式2.33}$$

この結果はm個の可逆行列の積に一般化されます。$\mathbf{A}_1, \mathbf{A}_2, \ldots, \mathbf{A}_m$が全て可逆な$n \times n$行列であれば、これらの積$\mathbf{A}_1\mathbf{A}_2 \cdots \mathbf{A}_m$も可逆であり、（式2.34）の関係が成り立ちます。

$$(\mathbf{A}_1\mathbf{A}_2 \cdots \mathbf{A}_m)^{-1} = \mathbf{A}_m^{-1} \cdots \mathbf{A}_2^{-1}\mathbf{A}_1^{-1} \tag{式2.34}$$

逆行列の計算例として2×2行列の逆行列の公式を紹介します。$ad - bc \neq 0$とし、$\mathbf{A}$と$\mathbf{B}$が（式2.35）と（式2.36）のようであったとします。

$$\mathbf{A} = \begin{bmatrix} a & b \\ c & d \end{bmatrix} \tag{式2.35}$$

$$\mathbf{B} = \frac{1}{ad - bc}\begin{bmatrix} d & -b \\ -c & a \end{bmatrix} \tag{式2.36}$$

行列の積$\mathbf{AB}$を計算してみると、結果は$\mathbf{I}$になります（式2.37）。

$$\begin{aligned} \begin{bmatrix} a & b \\ c & d \end{bmatrix} \frac{1}{ad - bc}\begin{bmatrix} d & -b \\ -c & a \end{bmatrix} &= \frac{1}{ad - bc}\begin{bmatrix} a & b \\ c & d \end{bmatrix}\begin{bmatrix} d & -b \\ -c & a \end{bmatrix} \\ &= \frac{1}{ad - bc}\begin{bmatrix} ad - bc & -ab + ab \\ cd - cd & ad - bc \end{bmatrix} \\ &= \begin{bmatrix} 1 & 0 \\ 0 & 1 \end{bmatrix} = \mathbf{I} \end{aligned} \tag{式2.37}$$

よって、$\mathbf{B}$が$\mathbf{A}$の逆行列とわかります。なお、$ad - bc \neq 0$という式は逆行列が存在するための条件になります。

2-2-4 転置

行列には転置と呼ばれる行と列を入れ替える演算があります。転置は前章のベクトルでも登場していました。

$\mathbf{A}$を$m \times n$行列とします。$\mathbf{A}$を転置した行列は$\mathbf{A}^\top$と表記します。転置行列$\mathbf{A}^\top$は$\mathbf{A}$の行と列を入れ替えた$n \times m$行列です。$\mathbf{A} = [a_{ij}]$に対する転置行列は（式2.38）のように定義されます。

$$\mathbf{A}^\top = \begin{bmatrix} a_{11} & a_{21} & \cdots & a_{m1} \\ a_{12} & a_{22} & \cdots & a_{m2} \\ \vdots & \vdots & \ddots & \vdots \\ a_{1n} & a_{2n} & \cdots & a_{mn} \end{bmatrix} \quad \text{（式2.38）}$$

これをコンパクトに書けば（式2.39）のようになります。

$$\mathbf{A}^\top = [a_{ji}] \quad \text{（式2.39）}$$

（式2.40）は行列の転置の具体例です。

$$\begin{bmatrix} 3 & 5 & 8 \\ 1 & 0 & 9 \end{bmatrix}^\top = \begin{bmatrix} 3 & 1 \\ 5 & 0 \\ 8 & 9 \end{bmatrix} \quad \text{（式2.40）}$$

転置には以下の性質があります。

1. $\left(\mathbf{A}^\top\right)^\top = \mathbf{A}$
2. $\mathbf{A}$と$\mathbf{B}$が$m \times n$であれば、$(\mathbf{A} + \mathbf{B})^\top = \mathbf{A}^\top + \mathbf{B}^\top$
3. cをスカラーとして$(c\mathbf{A})^\top = c\mathbf{A}^\top$
4. $\mathbf{A}$が$m \times p$で$\mathbf{B}$が$p \times n$であれば、$(\mathbf{AB})^\top = \mathbf{B}^\top\mathbf{A}^\top$
5. $\mathbf{A}$が可逆であれば$\mathbf{A}^\top$も可逆であり、$\left(\mathbf{A}^\top\right)^{-1} = \left(\mathbf{A}^{-1}\right)^\top$

性質の1～4が成り立つことは両辺の(i, j)成分を比較するとわかります。また、性質の5は性質の4を用いて（式2.41）のように証明できます。

$$\mathbf{A}^\top \left(\mathbf{A}^{-1}\right)^\top = \left(\mathbf{A}^{-1}\mathbf{A}\right)^\top = \mathbf{I} \quad \text{（式2.41）}$$

ベクトルの転置と同じように、NumPyの配列では**T**属性によって転置行列を得られます（リスト2.17）。

リスト2.17 NumPyにおける転置行列の作成

In
```
A = np.array([[3, 5, 8],
              [1, 0, 9]])

A.T
```

Out
```
array([[3, 1],
       [5, 0],
       [8, 9]])
```

SymPyの**Matrix**オブジェクトにも**T**属性が用意されています（リスト2.18）。

リスト2.18 SymPyにおける転置行列の作成

In
```
A_s = sy.Matrix(A)

A_s.T
```

Out

$$\begin{bmatrix} 3 & 1 \\ 5 & 0 \\ 8 & 9 \end{bmatrix}$$

ここで二つの列ベクトル$\boldsymbol{u}, \boldsymbol{v} \in \mathbb{R}^n$の内積についての補足をします。列ベクトルと行ベクトルは行列の特殊な場合とみなせるので、内積は行列の積$\boldsymbol{u}^\top \boldsymbol{v}$として（式2.42）と表すこともできます。

$$\boldsymbol{u}^\top \boldsymbol{v} = \begin{bmatrix} u_1 & u_2 & \cdots & u_n \end{bmatrix} \begin{bmatrix} v_1 \\ v_2 \\ \vdots \\ v_n \end{bmatrix} = \sum_{k=1}^{n} u_k v_k \qquad \text{（式2.42）}$$

また、（式2.42）の定義から（式2.43）が成り立ちます。

$$\sum_{k=1}^{n} u_k v_k = \sum_{k=1}^{n} v_k u_k \qquad \text{（式2.43）}$$

2 行列

よって内積は$\boldsymbol{v}^\top \boldsymbol{u}$とも表せます。

NumPyで列ベクトル同士の内積を計算する場合、行列の積の演算をする@演算子を使ってリスト2.19のように書くこともできます。ただし、結果は2次元の配列で得られます。

リスト2.19 @演算子を用いた内積の計算

In

```
u = np.array([[-2],
              [3],
              [5]])
v = np.array([[6],
              [1],
              [0]])


u.T @ v
```

Out

```
array([[-9]])
```

転置してもサイズが変わらない行列は正方行列です。$\mathbf{A}$が$n \times n$の正方行列であり、（式2.44）を満たすとします。

$$\mathbf{A}^\top = \mathbf{A} \tag{式2.44}$$

このような行列$\mathbf{A}$を対称行列（symmetric matrix）と呼びます。

つまり、$\mathbf{A}$の成分については$a_{ji} = a_{ij}$が成り立っています。（式2.45）の行列が対称行列の具体例です。

$$\mathbf{A} = \begin{bmatrix} 1 & 2 \\ 2 & 3 \end{bmatrix} \tag{式2.45}$$

また、（式2.46）を満たす行列を歪対称行列（skew-symmetric matrix）と呼びます。

$$-\mathbf{A}^\top = \mathbf{A} \tag{式2.46}$$

対称行列については次の性質が重要です。$\mathbf{A}$が$m \times n$行列であれば$\mathbf{A}^\top$は$n \times m$行列なので、$\mathbf{A}^\top \mathbf{A}$は$n \times n$の正方行列となります。そして、$\mathbf{A}^\top \mathbf{A}$は（式2.47）のように対称行列となります。

$$\left(\mathbf{A}^\top\mathbf{A}\right)^\top = \mathbf{A}^\top\left(\mathbf{A}^\top\right)^\top = \mathbf{A}^\top\mathbf{A} \qquad \text{(式2.47)}$$

NumPyでは リスト2.20 のようにして行列が対称であるか判定できます。NumPyの**allclose**関数は二つの配列の成分が同じ値であれば**True**を返します。ここでは$\mathbf{A}$と$\mathbf{A}^\top$の成分の値が全て同じなので、実行結果は**True**となります。

リスト2.20 **A**が対称行列であることの確認

In

```
A = np.array([[1, 2],
              [2, 3]])

np.allclose(A, A.T)
```

Out

```
True
```

SymPyの場合は リスト2.21 のようにすれば$\mathbf{A}$が対称行列であるか判定できます。

リスト2.21 **A_s**が対称行列であることの確認

In

```
A_s = sy.Matrix(A)

A_s == A_s.T
```

Out

```
True
```

最後に、あまり登場する演算ではないですが、ベクトルの積である直積（direct product）を紹介します。直積は外積（outer product）と呼ばれることもあります。直積は$\boldsymbol{u} \in \mathbb{R}^m$と$\boldsymbol{v} \in \mathbb{R}^n$の各成分の積で構成される$m \times n$の行列$[u_i v_j]$を得る演算です。内積が行列の積$\boldsymbol{u}^\top\boldsymbol{v}$と表せることに対して、直積は行列の積$\boldsymbol{u}\boldsymbol{v}^\top$と表せます。$\boldsymbol{u}$と$\boldsymbol{v}$の直積は$\boldsymbol{u} \otimes \boldsymbol{v}$と表記され、（式2.48）のように定義されます。

$$
\boldsymbol{u} \otimes \boldsymbol{v} = \boldsymbol{u}\boldsymbol{v}^\top = \begin{bmatrix} u_1 \\ u_2 \\ \vdots \\ u_m \end{bmatrix} \begin{bmatrix} v_1 & v_2 & \cdots & v_n \end{bmatrix}
= \begin{bmatrix} u_1v_1 & u_1v_2 & \cdots & u_1v_n \\ u_2v_1 & u_2v_2 & \cdots & u_2v_n \\ \vdots & \vdots & \ddots & \vdots \\ u_mv_1 & u_mv_2 & \cdots & u_mv_n \end{bmatrix} \quad \text{(式2.48)}
$$

直積には次の性質があります。

1. $\boldsymbol{u} \otimes (\boldsymbol{v} + \boldsymbol{w}) = \boldsymbol{u} \otimes \boldsymbol{v} + \boldsymbol{u} \otimes \boldsymbol{w}$
2. cをスカラーとして$c(\boldsymbol{u} \otimes \boldsymbol{v}) = (c\boldsymbol{u}) \otimes \boldsymbol{v} = \boldsymbol{u} \otimes (c\boldsymbol{v})$
3. $\boldsymbol{u} \otimes \boldsymbol{v} = (\boldsymbol{v} \otimes \boldsymbol{u})^\top$
4. $\boldsymbol{u} \otimes \boldsymbol{0} = \mathbf{O}$

NumPyでは**outer**関数を用いて直積を計算できます。リスト2.22では$\boldsymbol{u}$と$\boldsymbol{v}$を2次元の配列で定義し、直積を計算してみます。

リスト2.22 **outer**関数を用いた直積の計算

In

```
u = np.array([[-2],
              [3],
              [5]])
v = np.array([[6],
              [1],
              [0]])


np.outer(u, v)
```

Out

```
array([[-12,  -2,   0],
       [ 18,   3,   0],
       [ 30,   5,   0]])
```

ベクトルを2次元の配列で表現している場合、リスト2.23のように**@**演算子を用いて記述することもできます。

リスト2.23 @演算子を用いた直積の計算

In
```
u @ v.T
```

Out
```
array([[-12,  -2,   0],
       [ 18,   3,   0],
       [ 30,   5,   0]])
```

SymPyで直積を求める場合には、定義に従って*演算子を使って記述します（リスト2.24）。

リスト2.24 SymPyでの直積の計算

In
```
u_s = sy.Matrix(u)
v_s = sy.Matrix(v)

u_s * v_s.T
```

Out

$$\begin{bmatrix} -12 & -2 & 0 \\ 18 & 3 & 0 \\ 30 & 5 & 0 \end{bmatrix}$$

2.3 特徴的な行列

成分の並びが特徴的である行列には名前が付けられており、それらは線形代数の応用の際にしばしば登場します。本節ではその中でもよく見かける行列の特徴について説明します。

2-3-1 疎行列

疎行列（sparse matrix）とは（式2.49）のように成分のほとんどが0である行列です

$$\mathbf{A} = \begin{bmatrix} 0 & 0 & 3 & 0 \\ 0 & 4 & 0 & 0 \\ 0 & 0 & 0 & 2 \\ 1 & 0 & 0 & 0 \end{bmatrix} \quad \text{(式2.49)}$$

行列に含まれるゼロ成分の数を全成分の数で割った値を、行列の疎性（sparsity）と呼びます。

疎行列とは逆に、非ゼロの成分で満たされている行列を密行列（dense matrix）と呼びます。つまり、密行列とはこれまでにも登場していたような一般的な行列のことです。実際に線形代数が応用される場面では、大規模な疎行列が登場することがあります。疎行列ではゼロ成分を無視する工夫をすることで、使用するメモリ容量を減らし、高速に行列計算を実施することができます。

ここで、Pythonを使って行列の疎性を可視化する方法を紹介します。Pythonで標準的に用いられる可視化ライブラリのMatplotlibには、行列の疎性を可視化するための**spy**メソッドが用意されています。このメソッドは行列内の非ゼロの成分の箇所にマークを付けた図を作成します。正確には、絶対値が**precision**引数の数値（デフォルトでは0）よりも大きい値の成分がマークされます。

リスト2.25ではランダムに作成した10×10の疎行列を**spy**メソッドで可視化しています。Matplotlibで作成される図に関しては、マーカーの大きさやスタイルを設定することもできます。ここでは**spy**メソッドの**markersize**引数でマーカーの大きさを変えています。

リスト2.25 **spy**メソッドによる疎行列の可視化

In

```
import matplotlib.pyplot as plt

# ランダムに行列を作成
np.random.seed(0)
N = 10
A = np.random.rand(N, N) > 0.8

fig, ax = plt.subplots()

ax.spy(A, markersize=10)
```

```
# (i,j)成分がわかりやすいように目盛と目盛のラベルを設定
ax.set_xticks(range(10))
ax.set_xticklabels(range(1, 11))
ax.set_yticks(range(10))
ax.set_yticklabels(range(1, 11))

ax.grid()
```

Out

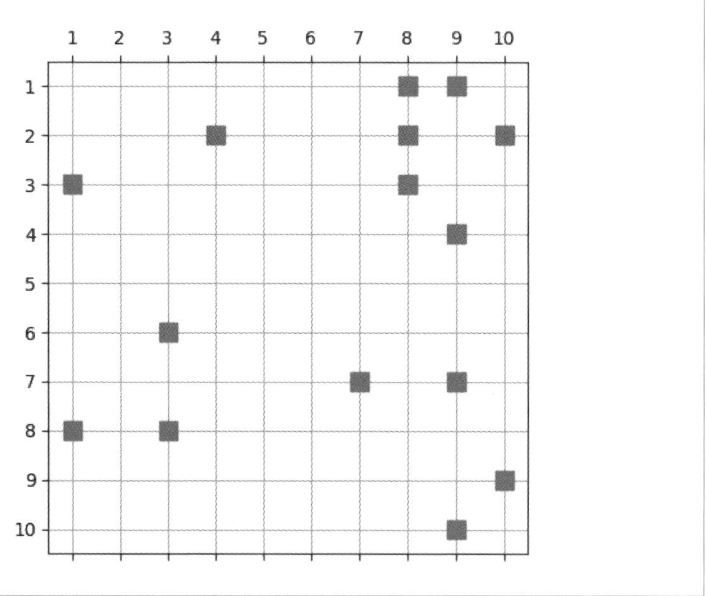

2-3-2 対角行列

行列の$(1,1)$成分から右下にかけて伸びる対角線上の成分を（主）対角成分と呼びます。$n\times n$行列で対角成分が全て非ゼロである行列を対角行列（diagonal matrix）と呼びます。$n\times n$の対角行列$\mathbf{D}$を（式2.50）とします。

$$\mathbf{D}=\begin{bmatrix} d_1 & 0 & \cdots & 0 \\ 0 & d_2 & \cdots & 0 \\ \vdots & \vdots & \ddots & 0 \\ 0 & 0 & \cdots & d_n \end{bmatrix} \quad \text{(式2.50)}$$

この対角行列$\mathbf{D}$は$\mathrm{diag}\,(d_1, d_2, \ldots, d_n)$とも表記します。

対角成分が全て非ゼロである場合、対角行列は可逆です。（式2.51）に示すように対角行列の逆行列も対角行列であり、対角成分が逆数d_k^{-1}になります。

$$\mathbf{D}^{-1} = \begin{bmatrix} d_1^{-1} & 0 & \cdots & 0 \\ 0 & d_2^{-1} & \cdots & 0 \\ \vdots & \vdots & \ddots & 0 \\ 0 & 0 & \cdots & d_n^{-1} \end{bmatrix} \quad \text{（式2.51）}$$

明らかに（式2.50）と（式2.51）の積は単位行列になるので、（式2.52）が成り立ちます。

$$\mathbf{D}\mathbf{D}^{-1} = \mathbf{D}^{-1}\mathbf{D} = \mathbf{I} \quad \text{（式2.52）}$$

単位行列も対角行列の一例です。リスト2.26では単位行列を**spy**メソッドで可視化しています。

リスト2.26 **spy**メソッドによる対角行列の可視化

In

```
D = np.eye(N)

fig, ax = plt.subplots()

ax.spy(D, markersize=10)

ax.set_xticks(range(10))
ax.set_xticklabels(range(1, 11))
ax.set_yticks(range(10))
ax.set_yticklabels(range(1, 11))

ax.grid()
```

Out

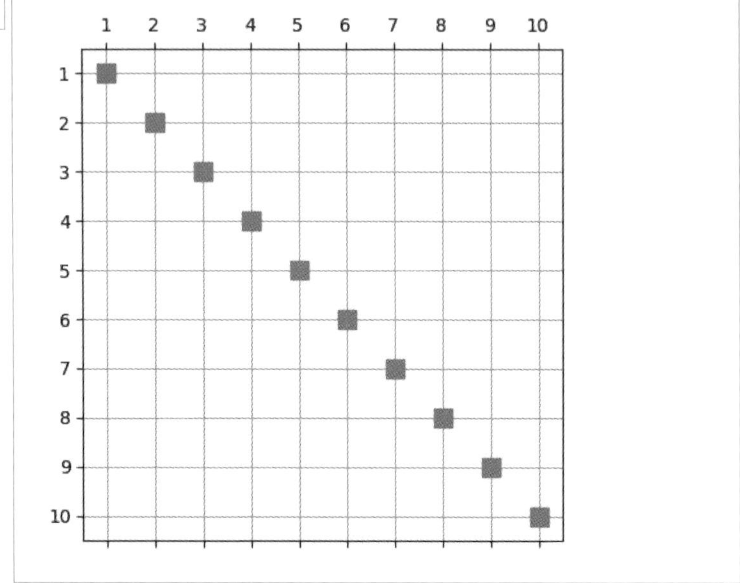

対角行列のべき乗は簡単に計算できます。kを正の整数とすれば$\mathbf{D}^k$は（式2.53）のようになります。

$$\mathbf{D}^k = \begin{bmatrix} d_1^k & 0 & \cdots & 0 \\ 0 & d_2^k & \cdots & 0 \\ \vdots & \vdots & \ddots & 0 \\ 0 & 0 & \cdots & d_n^k \end{bmatrix} \quad \text{(式2.53)}$$

非ゼロの成分が主対角成分とその上下だけに分布する行列を三重対角行列（tridiagonal matrix）と呼びます。非ゼロの成分が行列の主対角成分の近くにだけ帯状に分布している行列を帯行列（band matrix）と呼び、三重対角行列は帯行列の一つともいえます。本書では扱いませんが偏微分方程式の解を求める場合などに三重対角行列はよく現れます。その場合、三重対角行列の特徴を活かして効率良く解を求める計算アルゴリズムが使われます。

リスト2.27を実行すると**spy**メソッドによって三重対角行列が可視化されます。なお、ここで使用している**tri**関数は次項で説明する三角行列を作成する関数です。

リスト2.27 **spy**メソッドによる三重対角行列の可視化

In

```
A = np.tri(N, k=1) - np.tri(N, k=-2)

fig, ax = plt.subplots()

ax.spy(A, markersize=10)
ax.set_xticks(range(10))
ax.set_xticklabels(range(1, 11))
ax.set_yticks(range(10))
ax.set_yticklabels(range(1, 11))

ax.grid()
```

Out

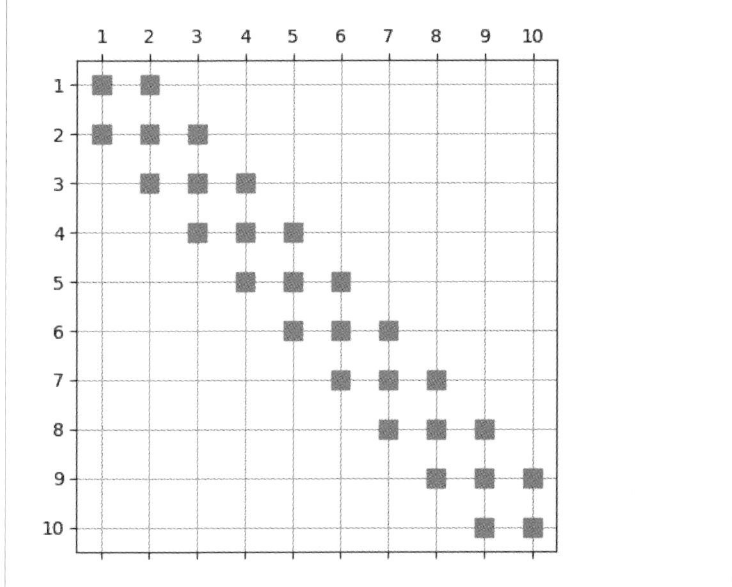

2-3-3 三角行列

三角行列（triangular matrix）は対角成分より上または下の成分が全て0である行列です。下三角行列（lower triangular matrix）は対角成分より下のa_{ij} $(i < j)$が非ゼロの成分である行列です。慣習的に下三角行列は$\mathbf{L}$と表記されることが多

いです。

NumPyには三角行列を作成する**tri**関数が用意されています。**tri**関数で作成される行列の非ゼロ成分は1です。リスト2.28を実行すると**spy**メソッドによって下三角行列が可視化されます。

リスト2.28 **spy**メソッドによる下三角行列の可視化

In

```
L = np.tri(N)

fig, ax = plt.subplots()

ax.spy(L, markersize=10)
ax.set_xticks(range(10))
ax.set_xticklabels(range(1, 11))
ax.set_yticks(range(10))
ax.set_yticklabels(range(1, 11))

ax.grid()
```

Out

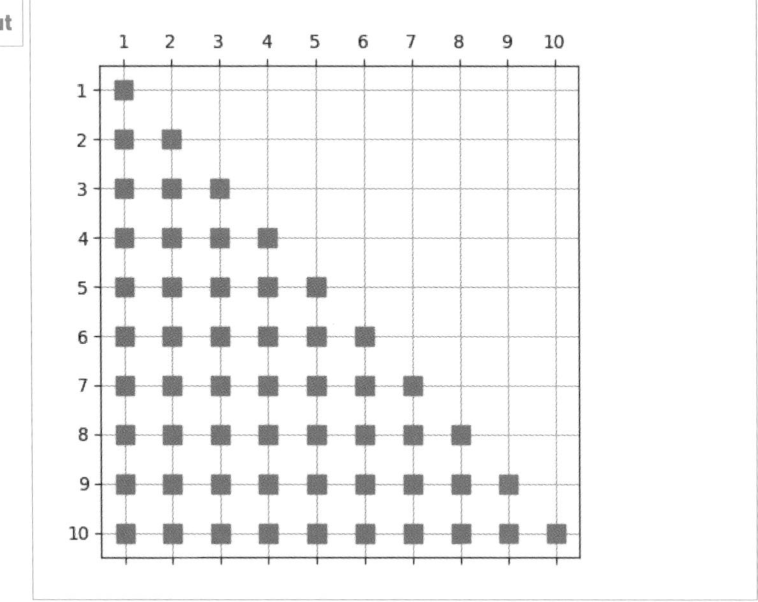

2 行列

一方、上三角行列（upper triangular matrix）は対角成分より上のa_{ij} $(i > j)$が非ゼロの成分である行列です。下三角行列$\mathbf{L}$に対して、上三角行列は$\mathbf{U}$と表記されます。下三角行列の転置が上三角行列なので、リスト2.29でもそのようにして上三角行列を可視化しています。

リスト2.29 **spy** メソッドによる上三角行列の可視化

In

```
A = np.tri(N).T

fig, ax = plt.subplots()

ax.spy(A, markersize=10)
ax.set_xticks(range(10))
ax.set_xticklabels(range(1, 11))
ax.set_yticks(range(10))
ax.set_yticklabels(range(1, 11))

ax.grid()
```

Out

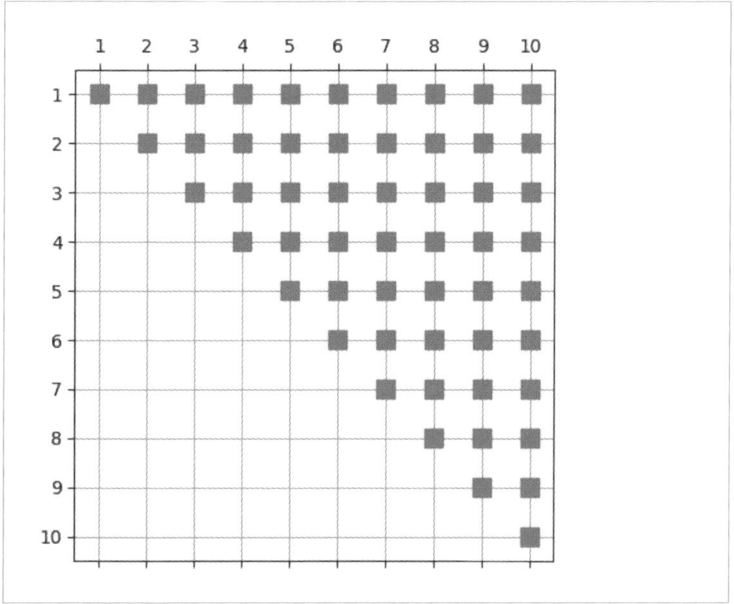

下三角行列同士の積は下三角行列であり、上三角行列同士の積は上三角行列です。下三角行列の場合で証明しますが、上三角行列の場合でも同様に証明できます。$\mathbf{A} = [a_{ij}]$と$\mathbf{B} = [b_{ij}]$を下三角形の$n \times n$行列とし、$\mathbf{C} = [c_{ij}]$を積$\mathbf{C} = \mathbf{AB}$とします。$i < j$で$c_{ij} = 0$であることを示せば、$\mathbf{C}$が下三角行列であることを証明できます。行列の積の定義からc_{ij}は（式2.54）となります。

$$\begin{aligned} c_{ij} &= \sum_{k=1}^{n} a_{ik} b_{kj} \\ &= a_{i1} b_{1j} + \cdots + a_{i(j-1)} b_{(j-1)j} + a_{ij} b_{jj} + \cdots + a_{in} b_{nj} \end{aligned} \quad \text{(式2.54)}$$

$\mathbf{B}$の行番号が列番号より小さい成分は0なので（式2.55）になります。

$$b_{1j} = b_{2j} = \cdots = b_{(j-1)j} = 0 \quad \text{(式2.55)}$$

$\mathbf{A}$についても同様なので（式2.56）になります。

$$a_{ij} = a_{i(j+1)} = \cdots = a_{in} = 0 \quad \text{(式2.56)}$$

よって$i < j$ではc_{ij}となり、下三角行列同士の積は下三角行列です。

第3章 線形方程式系

行列は数値情報の2次元配列であり、行列には多くの用途があります。コンピュータは数値情報の配列を操作するのに適しているため、行列を用いると線形方程式系（連立1次方程式）を解くためのコンピュータプログラムを開発しやすくなります。ただし、行列は線形方程式系を簡潔に表記するだけのものではありません。行列自体に多くの重要な理論が存在し、それらが線形方程式系を解くのに必要な全ての情報を与えてくれるのです。本章では行列形式で線形方程式系を表記し、その解を代数的、幾何学的にどのように考えるかについて解説します。また、ガウスの消去法やLU分解といった線形方程式系の解を求める計算方法を紹介します。

3.1 線形方程式系

本章では線形方程式系とその解法について学習します。まずこの節では線形方程式系の基本的な用語を解説します。

3-1-1 線形方程式系の導入

線形方程式（linear equation）は1次方程式とも呼ばれます。n個の変数$x_1, x_2, \ldots, x_n$における線形方程式は一般に（式3.1）で表されます。

$$a_1x_1 + a_2x_2 + \cdots + a_nx_n = b \qquad \text{(式3.1)}$$

ここで、$a_1, a_2, \ldots, a_n$は変数にかかる係数であり、bは定数です。

この定義から線形方程式とは変数のスカラー倍と和だけからなる方程式であるとわかります。（式3.1）の線形方程式は、$a_1, a_2, \ldots, a_n$からなるベクトルと$x_1, x_2, \ldots, x_n$からなるベクトルの内積がbに等しいことを表現していると考えられます。定数を行ベクトル、変数を列ベクトルとして（式3.2）のように表すこともできます。

$$\begin{bmatrix} a_1 & a_2 & \cdots & a_n \end{bmatrix} \begin{bmatrix} x_1 \\ x_2 \\ \vdots \\ x_n \end{bmatrix} = b \qquad \text{(式3.2)}$$

線形方程式は幾何学的には直線や平面を表すものと考えることができます。例えば、平面において直線を描く$y = 3x - 1$という式は$3x - y = 1$と表せるので変数x, yについての線形方程式です。図3.1に示すように方程式$ax + by = c$は直線を描き、方程式$ax + by + cz = d$は平面を描きます。

変数がn個である線形方程式を満たす$\mathbb{R}^n$の点を解（solution）と呼びます。また、全ての解の集合は$n-1$次元超平面（hyperplane）と呼ばれます。超平面は平面を一般化したものであり、点は0次元超平面、直線は1次元超平面、平面は2次元超平面に対応します。これはつまり、線形方程式の解集合は平坦で直線的なものになるということです。

同じ変数を含む複数の方程式の集合を連立方程式、あるいは方程式系と呼びます。特に方程式が線形方程式の場合には、連立1次方程式や線形方程式系（system of linear equations）と呼ばれます。

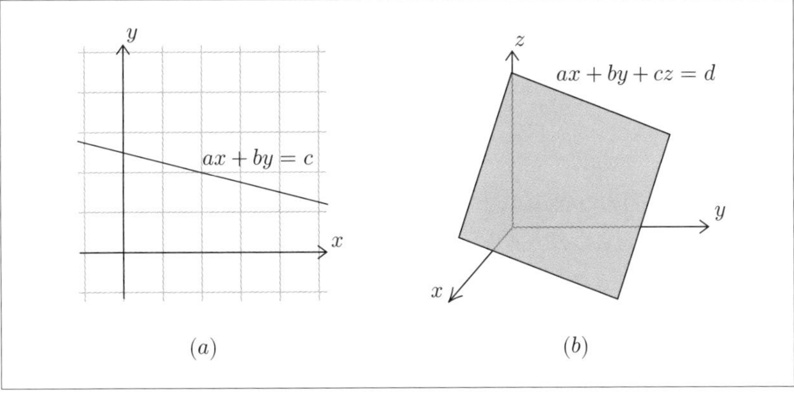

図 3.1 線形方程式は幾何学的に直線や平面と解釈できる

方程式系の解は全ての方程式を同時に満たします。幾何学的には、線形方程式系の解は各線形方程式の解集合が描く直線、平面、超平面の交点です。例えば、二つの方程式からなる（式3.3）の線形方程式系を考えてみましょう。

$$
\begin{aligned}
-2x + y &= -1 \\
x + y &= 5
\end{aligned}
\qquad \text{(式3.3)}
$$

この例の解は$x = 2, y = 3$です。そして、各々の方程式の解集合が表す直線を図3.2に示します。二つの直線は1点で交わっており、その点の座標は$(2, 3)$と読み取れます。このように解が一つに定まる場合はその解を唯一解、一意解（unique solution）と呼びます。

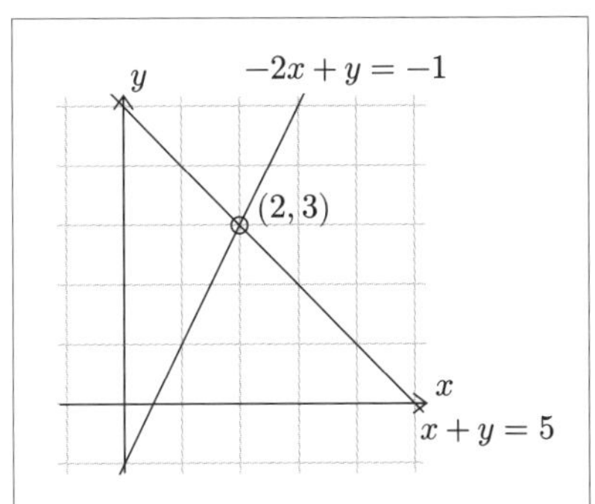

図 3.2 直線の交点として表現した線形方程式系の解

しかし、線形方程式系の解は常に一つに定まるとは限りません。(式3.4) の線形方程式系を見てみましょう。

$$\begin{aligned} -x + y &= 1 \\ -2x + 2y &= 2 \end{aligned} \tag{式3.4}$$

よく見ると2番目の方程式は、1番目の方程式の両辺を2倍にしたものです。結局二つの方程式は同じものであり、2番目の方程式は何も新しい情報を与えてくれません。図3.3 に示すように二つの方程式が同じ直線を描くので解は無数に存在します。

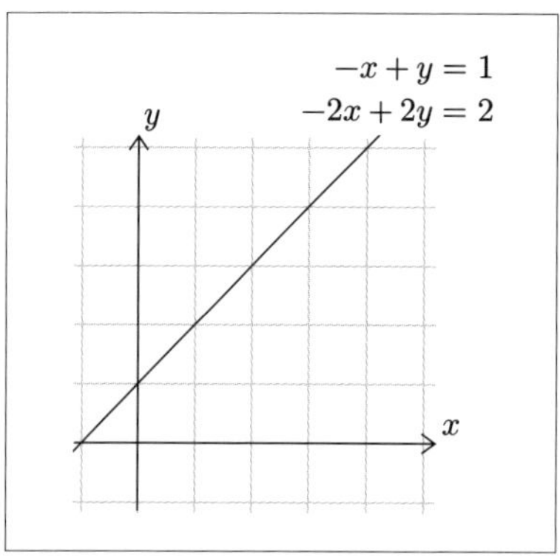

図3.3 二つの直線が重なるので解が無数に存在する

次に (式3.5) の線形方程式系を考えてみましょう。

$$\begin{aligned} x + y &= 1 \\ x + y &= 4 \end{aligned} \tag{式3.5}$$

二つの方程式は左辺が同じですが、右辺の定数が異なります。これでは両方の方程式を同時に満たすことができず、解が存在しません。幾何学的には 図3.4 に示すように、この二つの方程式は平行線となって交点を持ちません。

3

線形方程式系

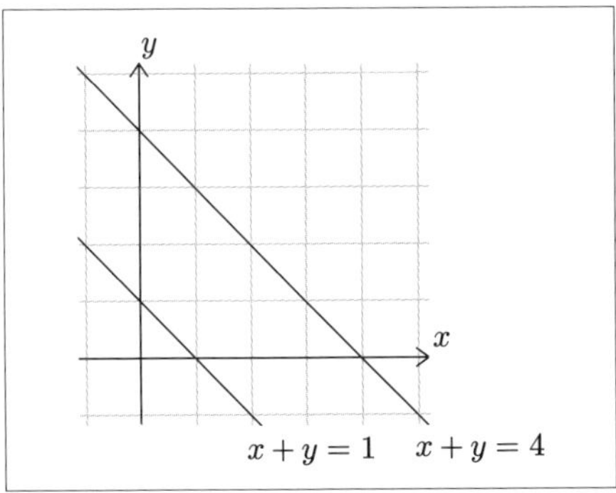

図3.4 二つの直線が交わらないので解が存在しない

これらの例から線形方程式系は解を持たない、一つだけ解を持つ、無数に解を持つ、という三つの場合に分けられることがわかります。解が二つだけ、三つだけという線形方程式系は存在しません。線形方程式系に少なくとも一つの解が存在する場合は無矛盾（consistent）、解が存在しない場合は矛盾（inconsistent）であると表現されます。

3変数の線形方程式系を図3.5のように交差する平面として可視化することができます。図3.5（a）に示すように、通常二つの平面は直線で交差します。そして、それを別の平面と交差させれば図3.5（b）のように点が得られたりします。場合によっては三つの平面が一つの直線で交差することもあります。線形方程式系が無矛盾であれば、このように全ての平面に共通する交点が少なくとも一つ存在します。

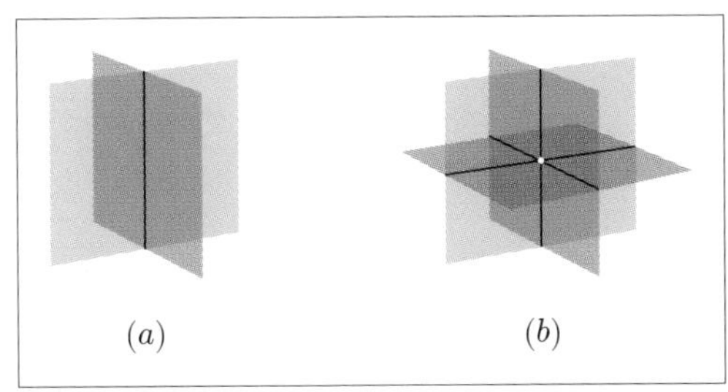

図3.5 無限に多くの点や1点だけで交差する平面

一方、図3.6（a）のように二つの平面が平行であるが同一でない場合、両方の平面上に同時に存在する点が存在しません。また、各平面は交差するが三つの平面全てが交差する点は存在しないこともあります（図3.6（b））。このような場合に線形方程式系は解を持ちません。

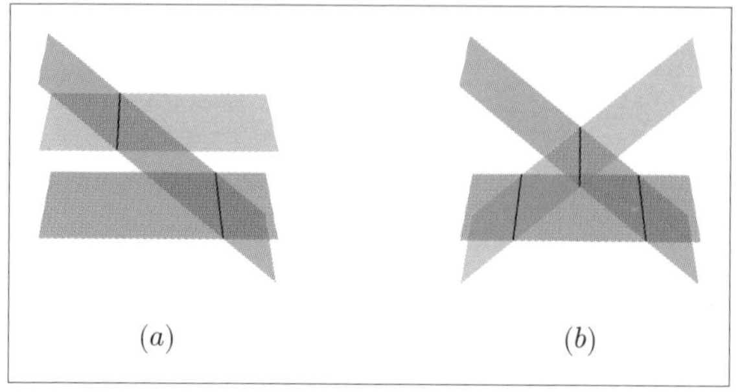

図3.6 全ての平面に共通する交点が存在しない例

幾何学的に考えると線形方程式系を解くことは、複数の超平面がどのように交差しているかを問うことであると解釈できます。

3-1-2 行列形式の表現

代数的に線形方程式系を解く際には、線形方程式系を行列とベクトルを使って表現すると便利です。行列を用いることで線形方程式系をコンパクトに表現できます。一般的な表示形式ではm個の線形方程式が存在する系は（式3.6）の形をしています。

$$\begin{aligned} a_{11}x_1 + \ a_{12}x_2 + \cdots + \ a_{1n}x_n &= \ b_1 \\ a_{21}x_1 + \ a_{22}x_2 + \cdots + \ a_{2n}x_n &= \ b_2 \\ &\vdots \\ a_{m1}x_1 + a_{m2}x_2 + \cdots + a_{mn}x_n &= b_m \end{aligned} \quad \text{（式3.6）}$$

ここで、$i = 1, 2, \ldots, m$と$j = 1, 2, \ldots, n$としてx_jが変数、a_{ij}が係数、b_iが定数です。この線形方程式系は行列を用いることで（式3.7）のように表すことができます。

$$\mathbf{A}\boldsymbol{x} = \boldsymbol{b} \quad \text{（式3.7）}$$

ここで、$\mathbf{A}$は$m \times n$行列、$\boldsymbol{x}$はn次元列ベクトル、$\boldsymbol{b}$はm次元列ベクトルです（式3.8）。

$$\mathbf{A} = \begin{bmatrix} a_{11} & a_{12} & \cdots & a_{1n} \\ a_{21} & a_{22} & \cdots & a_{2n} \\ \vdots & \vdots & \ddots & \vdots \\ a_{m1} & a_{m2} & \cdots & a_{mn} \end{bmatrix}, \ \boldsymbol{x} = \begin{bmatrix} x_1 \\ x_2 \\ \vdots \\ x_n \end{bmatrix}, \ \boldsymbol{b} = \begin{bmatrix} b_1 \\ b_2 \\ \vdots \\ b_m \end{bmatrix} \quad \text{(式3.8)}$$

行列$\mathbf{A}$は係数行列（coefficient matrix）と呼ばれます。また、$\boldsymbol{x}$は変数をまとめたベクトル、$\boldsymbol{b}$は右辺の定数をまとめたベクトルです。

線形方程式系を行列を使って表すことで、行列のさまざまな性質が線形方程式系の構造を明らかにしてくれます。例えば、線形方程式系が解を持つかは式を見ただけではわかりませんが、行列の特徴を調べるとそれが簡単にわかります。

3.2 線形変換

行列形式で線形方程式系を表す利点は、行列の性質を利用することで線形方程式系をより理解することができることです。これまでは行列を単に数の矩形配列として扱い、その代数的な性質だけを見てきました。この節では、行列の積によってあるベクトルが別のベクトルに変換されることに着目し、行列がベクトルに作用する関数を表すことを解説します。

3-2-1 関数と変換

関数（function）とは入力の値と出力の値を対応付ける規則のことです。もう少し数学らしくいえば、集合Aに属する各要素に対して集合Bに属する一つの要素を対応させる規則を関数と呼びます。関数fが要素bを要素aに対応付けることは（式3.9）のように表します。

$$b = f(a) \quad \text{(式3.9)}$$

bはfの下でのaの像（image）である、あるいは$f(a)$はaでのfの値（value）であるといいます。集合Aをfの定義域、始域（domain）、集合Bをfの終域（codomain）と呼びます（図3.7）。

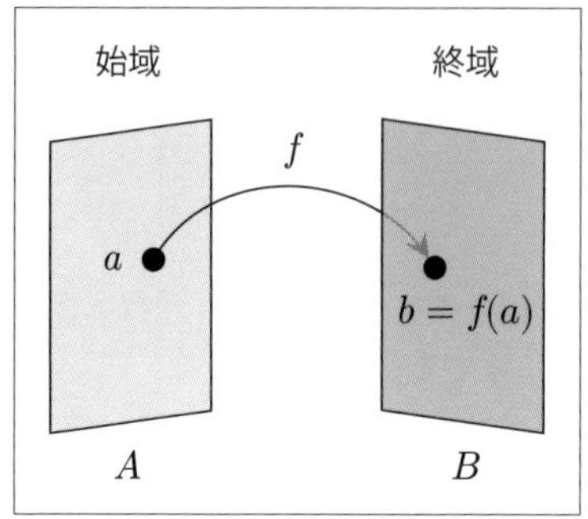

図3.7 関数fの始域と終域

応用の場面では関数の始域と終域は実数の集合であることが多いですが、線形代数においてはベクトルの集合に関心があります。mとnを正の整数として、始域が$\mathbb{R}^n$で、終域が$\mathbb{R}^m$である関数を考えます。Tが始域$\mathbb{R}^n$と終域$\mathbb{R}^m$を持つ関数であるとき、Tは$\mathbb{R}^n$から$\mathbb{R}^m$の変換（transformation）、あるいは$\mathbb{R}^n$から$\mathbb{R}^m$の写像（mapping、map）と呼んで（式3.10）のように書きます。

$$T : \mathbb{R}^n \to \mathbb{R}^m \qquad \text{(式3.10)}$$

$m = n$の場合、変換のことを$\mathbb{R}^n$上の作用素（operator）と呼ぶこともあります。

3-2-2 行列としての変換

線形方程式系から生じる$\mathbb{R}^n$から$\mathbb{R}^m$への変換を考えましょう。（式3.11）の線形方程式系があるとします。

$$\begin{aligned} y_1 &= a_{11}x_1 + a_{12}x_2 + \cdots + a_{1n}x_n \\ y_2 &= a_{21}x_1 + a_{22}x_2 + \cdots + a_{2n}x_n \\ &\vdots \\ y_m &= a_{m1}x_1 + a_{m2}x_2 + \cdots + a_{mn}x_n \end{aligned} \qquad \text{(式3.11)}$$

これを行列形式で表現すれば（式3.12）のようになります。

$$\begin{bmatrix} y_1 \\ y_2 \\ \vdots \\ y_m \end{bmatrix} = \begin{bmatrix} a_{11} & a_{12} & \cdots & a_{1n} \\ a_{21} & a_{22} & \cdots & a_{2n} \\ \vdots & \vdots & \ddots & \vdots \\ a_{m1} & a_{m2} & \cdots & a_{mn} \end{bmatrix} \begin{bmatrix} x_1 \\ x_2 \\ \vdots \\ x_n \end{bmatrix} \qquad \text{(式3.12)}$$

さらに簡潔に表記すれば（式3.13）になります。

$$\boldsymbol{y} = \mathbf{A}\boldsymbol{x} \tag{式3.13}$$

（式3.13）は線形方程式系を表しているだけですが、別の見方をすると$\mathbf{A}$が$\boldsymbol{x}$と$\boldsymbol{y}$の対応規則を表しているように見えます。つまり、$\mathbf{A}$を左から掛けることはベクトル$\boldsymbol{x} \in \mathbb{R}^n$をベクトル$\boldsymbol{y} \in \mathbb{R}^m$に移す変換なのです。これを行列変換(matrix transformation）と呼び、（式3.14）のように表します（図3.8）。

$$T_{\mathbf{A}} : \mathbb{R}^n \to \mathbb{R}^m \tag{式3.14}$$

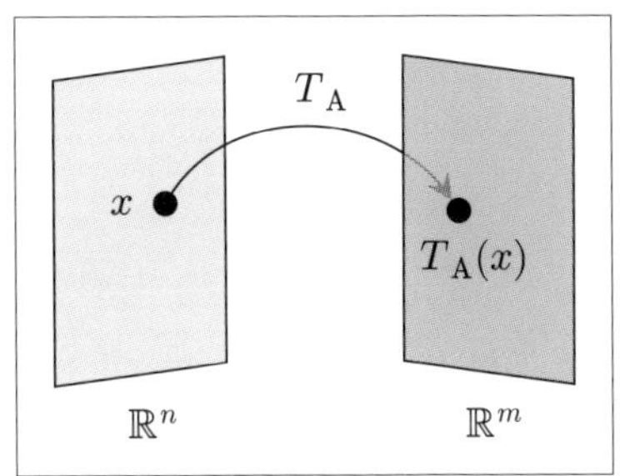

図3.8 行列変換$T_{\mathbf{A}}$

この表記は始域と終域を明確にすることが重要な場合に有用です。Tを表す行列が$\mathbf{A}$であることを明示する場合、$T_{\mathbf{A}}$のように下付きの添字で行列を表します。始域と終域の指定が重要でない場合は、（式3.14）を（式3.15）のようにも表現します。

$$\boldsymbol{y} = T_{\mathbf{A}}(\boldsymbol{x}) \tag{式3.15}$$

これを（式3.16）のように表せば、$T_{\mathbf{A}}$が$\boldsymbol{x}$を$\boldsymbol{y}$に移すということがわかりやすいです。

$$\boldsymbol{x} \xrightarrow{T_{\mathbf{A}}} \boldsymbol{y} \tag{式3.16}$$

行列の積の意味を考えれば行列変換の基本的な性質がわかります。まず、n次元のゼロベクトルはm次元のゼロベクトルに移されるので（式3.17）が成り立ちます。

$$T_{\mathbf{A}}(\mathbf{0}) = \mathbf{0} \tag{式3.17}$$

つまり、ゼロベクトルをゼロベクトルに移さない変換は行列変換ではありません。次に任意のスカラーcとn次元ベクトルuに対して、$\mathbf{A}(c\boldsymbol{u}) = c\mathbf{A}\boldsymbol{u}$なので（式3.18）が成り立ちます。

$$T_{\mathbf{A}}(c\boldsymbol{u}) = cT_{\mathbf{A}}(\boldsymbol{u}) \qquad \text{（式3.18）}$$

同様にn次元ベクトルvもあれば、$\mathbf{A}(\boldsymbol{u}+\boldsymbol{v}) = \mathbf{A}\boldsymbol{u} + \mathbf{A}\boldsymbol{v}$なので（式3.19）が成り立ちます。

$$T_{\mathbf{A}}(\boldsymbol{u}+\boldsymbol{v}) = T_{\mathbf{A}}(\boldsymbol{u}) + T_{\mathbf{A}}(\boldsymbol{v}) \qquad \text{（式3.19）}$$

（式3.18）と（式3.19）の性質から、行列変換は$\mathbb{R}^n$のベクトルの線形結合を$\mathbb{R}^m$のベクトルの線形結合に移すとわかります。これは（式3.20）のように表すことができます。

$$\begin{aligned} &T_{\mathbf{A}}(c_1\boldsymbol{u}_1 + c_2\boldsymbol{u}_2 + \cdots + c_r\boldsymbol{u}_r) \\ &\quad = c_1T_{\mathbf{A}}(\boldsymbol{u}_1) + c_2T_{\mathbf{A}}(\boldsymbol{u}_2) + \cdots + c_rT_{\mathbf{A}}(\boldsymbol{u}_r) \end{aligned} \qquad \text{（式3.20）}$$

（式3.18）と（式3.19）の性質がある変換を線形変換（linear transformation）、線形写像（linear mapping）と呼びます。よって、$\mathbb{R}^n$から$\mathbb{R}^m$への変換において行列変換と線形変換という用語は同義であるといえます。

以上のように線形変換を理解することは、行列を理解することと同じなのです。なぜなら、全てのベクトルが標準基底ベクトルの線形結合として表せるからです。i番目の標準基底ベクトル$\boldsymbol{e}_i$は、i番目の成分が1でほかの成分は全て0のベクトルであることを思い出してください。ベクトル$\boldsymbol{x} = (x_1, x_2, \ldots, x_n)$は標準基底ベクトルの線形結合として（式3.21）のように表せます。

$$\boldsymbol{x} = x_1\boldsymbol{e}_1 + x_2\boldsymbol{e}_2 + \cdots + x_n\boldsymbol{e}_n \qquad \text{（式3.21）}$$

この線形結合に線形変換Tを適用すると（式3.22）のようになります。

$$T(\boldsymbol{x}) = x_1T(\boldsymbol{e}_1) + x_2T(\boldsymbol{e}_2) + \cdots + x_nT(\boldsymbol{e}_n) \qquad \text{（式3.22）}$$

この式は行列形式で（式3.23）と表現できます。

$$T(\boldsymbol{x}) = \begin{bmatrix} T(\boldsymbol{e}_1) & T(\boldsymbol{e}_2) & \cdots & T(\boldsymbol{e}_n) \end{bmatrix} \begin{bmatrix} x_1 \\ x_2 \\ \vdots \\ x_n \end{bmatrix} \qquad \text{（式3.23）}$$

この線形変換を表す行列は（式3.24）であり、この行列は標準行列（standard matrix）と呼ばれます。なお、$[T]$は線形変換Tを表す行列という意味で使われます。

$$[T] = \begin{bmatrix} T(\boldsymbol{e}_1) & T(\boldsymbol{e}_2) & \cdots & T(\boldsymbol{e}_n) \end{bmatrix} \tag{式3.24}$$

$[T]$は変換後の基底ベクトルを列とする行列です。つまり、$[T]$は標準基底ベクトルがTによってどこに移されるかを表しているのです。行列の列を見れば、行列が標準基底ベクトルに対して何をしているのかがわかるということです。

3-2-3 線形変換の例

線形変換を表す行列を見つける例をいくつか示します。幾何学的にわかりやすい$\mathbb{R}^2$で考えてみましょう。例えば、図3.9のように$\mathbb{R}^2$上に標準基底ベクトル$\boldsymbol{e}_1$と$\boldsymbol{e}_2$をそれぞれ1辺とする正方形の格子を描きます。線形変換$T : \mathbb{R}^2 \to \mathbb{R}^2$によってその格子は拡大縮小、せん断、回転といった幾何学的変換によって平行四辺形となっています。変換後は$T(\boldsymbol{e}_1)$と$T(\boldsymbol{e}_2)$が平行四辺形の格子を構成しています。さらに、ベクトル$\boldsymbol{v}$は$\boldsymbol{e}_1 + 3\boldsymbol{e}_2$なので、変換後の$T(\boldsymbol{v})$は$T(\boldsymbol{e}_1) + 3T(\boldsymbol{e}_2)$であることがわかります。

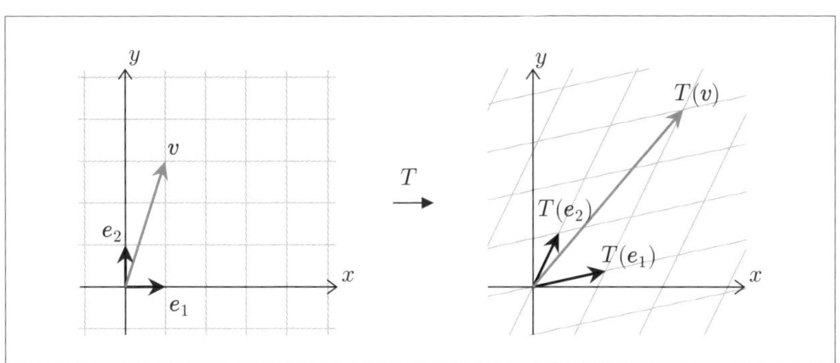

図3.9 線形変換Tが正方形の格子を平行四辺形の格子に変換する

最も簡単な線形変換$T : \mathbb{R}^2 \to \mathbb{R}^2$は、標準基底ベクトルの方向を変えずに拡大縮小するだけのものです（図3.10）。

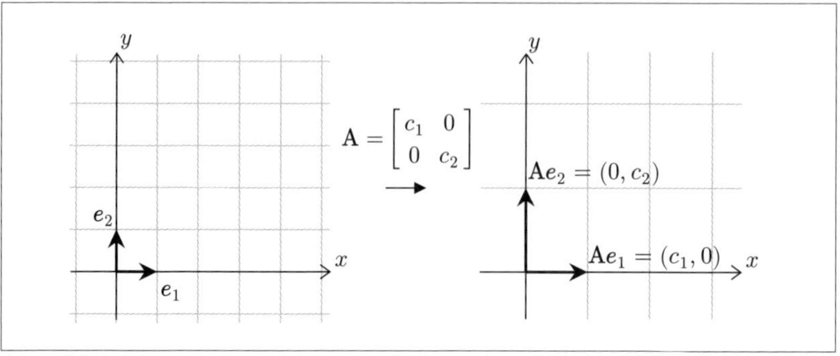

図3.10 対角行列による線形変換は標準基底ベクトルの各方向に空間を引き伸ばす

この線形変換を表す行列を見つけるには、標準基底ベクトルが変換によってどこに移されるかを考えればいいのです。この例ではc_1とc_2を実数として（式3.25）のようになります。

$$T(\boldsymbol{e}_1) = T\left(\begin{bmatrix} 1 \\ 0 \end{bmatrix}\right) = \begin{bmatrix} c_1 \\ 0 \end{bmatrix},\ T(\boldsymbol{e}_2) = T\left(\begin{bmatrix} 0 \\ 1 \end{bmatrix}\right) = \begin{bmatrix} 0 \\ c_2 \end{bmatrix} \quad \text{(式3.25)}$$

標準行列を$\mathbf{A}$と表すことにすれば、$\mathbf{A}$は（式3.26）となります。

$$\mathbf{A} = \begin{bmatrix} T(\boldsymbol{e}_1) & T(\boldsymbol{e}_2) \end{bmatrix} = \begin{bmatrix} c_1 & 0 \\ 0 & c_2 \end{bmatrix} \quad \text{(式3.26)}$$

なお、c_1やc_2が負の値であれば、x軸やy軸を挟んで反射したものになります。

次の例は$\boldsymbol{e}_1$を$\boldsymbol{e}_2$の方向にだけ移動させる変換です。この変換によって図3.11のように正方形の格子が平行四辺形になります。

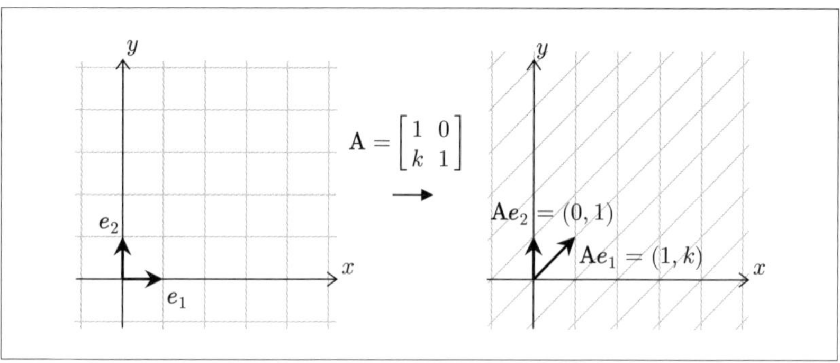

図3.11 $\boldsymbol{e}_1$を$\boldsymbol{e}_2$の方向に移動させる

これを数式で表すと（式3.27）になります。

$$T(\boldsymbol{e}_1) = T\left(\begin{bmatrix}1\\0\end{bmatrix}\right) = \begin{bmatrix}1\\k\end{bmatrix},\ T(\boldsymbol{e}_2) = T\left(\begin{bmatrix}0\\1\end{bmatrix}\right) = \begin{bmatrix}0\\1\end{bmatrix} \tag{式3.27}$$

したがって、標準行列$\mathbf{A}$は（式3.28）と表せます。

$$\mathbf{A} = \begin{bmatrix}T(\boldsymbol{e}_1) & T(\boldsymbol{e}_2)\end{bmatrix} = \begin{bmatrix}1 & 0\\k & 1\end{bmatrix} \tag{式3.28}$$

最後の例は原点を通る軸を中心に回転させるものです（図3.12）。平面座標の回転軸は平面に垂直な軸であり、その軸を中心にθだけ回転させます（反時計回りを正）。

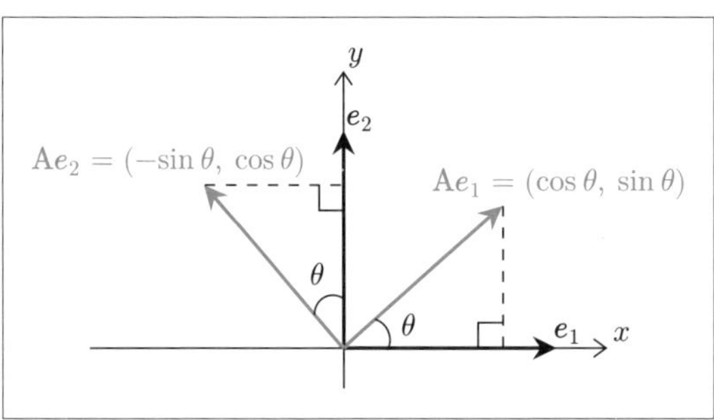

図3.12 ベクトルの長さは変えずに原点を中心に回転させる

今までと同じように標準基底ベクトルがどこに移されるかを見て、そのベクトルを列とする行列を作りましょう。図3.12から（式3.29）がわかります。

$$T(\boldsymbol{e}_1) = T\left(\begin{bmatrix}1\\0\end{bmatrix}\right) = \begin{bmatrix}\cos\theta\\\sin\theta\end{bmatrix},\ T(\boldsymbol{e}_2) = T\left(\begin{bmatrix}0\\1\end{bmatrix}\right) = \begin{bmatrix}-\sin\theta\\\cos\theta\end{bmatrix} \tag{式3.29}$$

よって、標準行列$\mathbf{A}$は（式3.30）のようになります。

$$\mathbf{A} = \begin{bmatrix}T(\boldsymbol{e}_1) & T(\boldsymbol{e}_2)\end{bmatrix} = \begin{bmatrix}\cos\theta & -\sin\theta\\\sin\theta & \cos\theta\end{bmatrix} \tag{式3.30}$$

例えば、反時計回りに45°回転させる行列は、$\theta = \pi/4$ [rad]なので（式3.31）のようになります。これで$(1,1)$のベクトルは$(-1,1)$に移されることがわかります。

$$\begin{bmatrix}\cos\frac{\pi}{4} & -\sin\frac{\pi}{4}\\\sin\frac{\pi}{4} & \cos\frac{\pi}{4}\end{bmatrix}\begin{bmatrix}1\\1\end{bmatrix} = \begin{bmatrix}-1\\1\end{bmatrix} \tag{式3.31}$$

これをNumPyを用いて確認してみましょう（リスト3.1）。

リスト3.1 回転行列による線形変換

In

```
import numpy as np


t = np.pi / 4
c = np.cos(t)
s = np.sin(t)
A = np.array([[c, -s],
              [s, c]])
x = np.array([[1],
              [1]])


A @ x
```

Out

```
array([[0.        ],
       [1.41421356]])
```

角度θの回転を2回連続で行うと2θの回転になります。θだけ回転させる線形変換をT_θと表せば、（式3.32）が成り立ちます。

$$[T_{2\theta}] = [T_\theta][T_\theta] \tag{式3.32}$$

（式3.30）より角度2θの回転を表す行列は（式3.33）と表せます。

$$[T_{2\theta}] = \begin{bmatrix} \cos 2\theta & -\sin 2\theta \\ \sin 2\theta & \cos 2\theta \end{bmatrix} \tag{式3.33}$$

（式3.32）の右辺を計算すると（式3.34）の行列が得られます。

$$[T_\theta][T_\theta] = \begin{bmatrix} \cos^2\theta - \sin^2\theta & -2\sin\theta\cos\theta \\ 2\sin\theta\cos\theta & \cos^2\theta - \sin^2\theta \end{bmatrix} \tag{式3.34}$$

三角関数の倍角の公式から、（式3.33）と（式3.34）の行列の成分が等しいことがわかります。

二つの線形変換を次々に行うことは関数の合成と呼ばれるものであり、二つの行列を掛け合わせるのと同じことです。$\mathbf{B}$の線形変換のあとに$\mathbf{A}$の線形変換を行うことは（式3.35）のように表されます。

$$[T]_{\mathbf{AB}} = [T]_{\mathbf{A}}[T]_{\mathbf{B}} \qquad \text{（式3.35）}$$

3.3 線形方程式系の解法

線形方程式系の解法は行列の構造や計算の安定性、精度などを考慮して多種多様な方法が提案されています。本書では解を変えないように行列を変形していくことで解を求める方法を紹介します。このような方法は直接法（Direct Method）と呼ばれます。

3-3-1 逆行列と解の関係

（式3.7）の行列形式の線形方程式系$\mathbf{A}\boldsymbol{x} = \boldsymbol{b}$を思い出してください。行列$\mathbf{A}$は$n$次元列ベクトル$\boldsymbol{x}$を$m$次元列ベクトル$\boldsymbol{b}$に移す線形変換の行列表現とみなせます。これは（式3.36）のように表せます。

$$\begin{bmatrix} x_1 \\ x_2 \\ \vdots \\ x_n \end{bmatrix} \xrightarrow{\mathbf{A}} \begin{bmatrix} b_1 \\ b_2 \\ \vdots \\ b_m \end{bmatrix} \qquad \text{（式3.36）}$$

係数行列$\mathbf{A}$と定数ベクトル$\boldsymbol{b}$は既知であり、解であるベクトル$\boldsymbol{x}$を求めます。

線形方程式系の解については次の三つの場合があることを既に説明しました。

1. 解は一意に定まる
2. 解は存在しない
3. 解は無数に存在する

問題としている線形方程式系がこの中のどれであるかは、$\mathbf{A}$の特徴を調べることで判断できます。解が一意に定まるのは$\mathbf{A}$が逆行列$\mathbf{A}^{-1}$を持つ可逆行列である場合です。（式3.7）に左から$\mathbf{A}^{-1}$を掛けると（式3.37）が示すように$\boldsymbol{x} = \mathbf{A}^{-1}\boldsymbol{b}$が得られ、これが一意解となります。

$$\mathbf{A}^{-1}(\mathbf{A}\boldsymbol{x}) = \left(\mathbf{A}^{-1}\mathbf{A}\right)\boldsymbol{x} = \boldsymbol{x} = \mathbf{A}^{-1}\boldsymbol{b} \qquad \text{（式3.37）}$$

逆に$\boldsymbol{x} = \mathbf{A}^{-1}\boldsymbol{b}$の左から$\mathbf{A}$を掛ければ（式3.38）になります。

$$\mathbf{A}\boldsymbol{x} = \mathbf{A}\left(\mathbf{A}^{-1}\boldsymbol{b}\right) = \left(\mathbf{A}\mathbf{A}^{-1}\right)\boldsymbol{b} = \boldsymbol{b} \qquad \text{(式3.38)}$$

解が一意に定まる場合には$\boldsymbol{b}$から$\boldsymbol{x}$への線形変換を表す$\mathbf{A}^{-1}$が存在するので、（式3.39）のように表すことができます。

$$\begin{bmatrix} x_1 \\ x_2 \\ \vdots \\ x_n \end{bmatrix} \underset{\mathbf{A}^{-1}}{\overset{\mathbf{A}}{\rightleftharpoons}} \begin{bmatrix} b_1 \\ b_2 \\ \vdots \\ b_n \end{bmatrix} \qquad \text{(式3.39)}$$

また、$\boldsymbol{b} = \mathbf{0}$で$\mathbf{A}\boldsymbol{x} = \mathbf{0}$の形をした線形方程式系は斉次、同次（homogeneous）であるといわれます。$\mathbf{A}$が可逆であるときの斉次系は（式3.40）のように変形でき、解はゼロベクトルしかないことがわかります。

$$\boldsymbol{x} = \mathbf{A}^{-1}\mathbf{0} = \mathbf{0} \qquad \text{(式3.40)}$$

解$\boldsymbol{x} = \mathbf{0}$は自明解（trivial solution）、それ以外の解$\boldsymbol{x} \neq \mathbf{0}$は非自明解（nontrivial solution）と呼ばれます。

3-3-2 ガウスの消去法

実際の数値計算では$\boldsymbol{x}$を求めるために$\mathbf{A}^{-1}$を計算し、それと$\boldsymbol{b}$の積を計算するといった方法は計算量が多いので使われません。ここでは逆行列を計算せず、有限回の計算で解を求められる方法を紹介します。

（式3.41）の線形方程式系を考えてみましょう。

$$\begin{aligned} x + 3y + z &= 1 \\ 2y - 6z &= -10 \\ 2z &= 4 \end{aligned} \qquad \text{(式3.41)}$$

これを行列形式にすると（式3.42）のようになります。

$$\begin{bmatrix} 1 & 3 & 1 \\ 0 & 2 & -6 \\ 0 & 0 & 2 \end{bmatrix} \begin{bmatrix} x \\ y \\ z \end{bmatrix} = \begin{bmatrix} 1 \\ -10 \\ 4 \end{bmatrix} \qquad \text{(式3.42)}$$

係数行列が上三角行列である線形方程式系は、単純な計算を繰り返すことで解を求めることができます。例えば、最下段の式は$2z = 4$なので$z = 2$であることはすぐにわかります。$z=2$をほか二つの式に代入し、定数項を整理すると（式3.43）が得られます。

$$
\begin{aligned}
x+3y&=-1\\
2y&=2
\end{aligned}
\quad \text{(式3.43)}
$$

この場合も最下段の式から$y=1$と簡単に求めることができます。$y=1$を残りの方程式に代入すれば$x+3=-1$となるので、$x=-4$が求まります。よって、（式3.41）の解(x,y,z)が$(-4,1,2)$であると求まりました。この例で示したように上三角行列の係数行列と定数ベクトルを用い、方程式の下から順番に未知数を求めていく計算過程を後退代入（backward substitution）と呼びます。

後退代入によって解を求めたいので、係数行列が上三角行列になるように線形方程式系を変形することを考えます。線形方程式系の解が変わらないような変形を繰り返し、後退代入を利用できる新しい線形方程式系を作るということです。まず、線形方程式系は方程式の順番を入れ変えても何も変化はありません。また、方程式に非ゼロのスカラーを掛けても解は変わりません。例えば、$A=B$という式と$2A=2B$という式は同じものです。ある方程式をスカラー倍したものを別の方程式に足すというのも許された操作です。$A=B$と$C=D$という式があるとして、$A+2C=B+2D$は$A=B$と変わりません。

これら三つの操作を行列表現で表すと次のようになります。

1. i番目とj番目の行を入れ替える：$\mathbf{R}_i \leftrightarrow \mathbf{R}_j$
2. i番目の行にスカラー$c\neq 0$を掛ける：$\mathbf{R}_i \rightarrow c\mathbf{R}_i$
3. i番目の行にスカラー$c\neq 0$を掛けたj番目の行を加える：$\mathbf{R}_i \rightarrow \mathbf{R}_i + c\mathbf{R}_j$

これらは行基本変形（elementary row operations）と呼ばれます。

行基本変形の過程を記述する際、変数名のような変化しないものを書く必要はなく、係数と定数だけを記述していけば十分です。線形方程式系の係数行列$\mathbf{A}$と定数ベクトル$\boldsymbol{b}$を組み合わせた、（式3.44）のような$m\times(n+1)$のブロック行列を定義します。

$$
\left[\begin{array}{cccc|c}
a_{11} & a_{12} & \cdots & a_{1n} & b_1\\
a_{21} & a_{22} & \cdots & a_{2n} & b_2\\
\vdots & \vdots & \ddots & \vdots & \vdots\\
a_{m1} & a_{m2} & \cdots & a_{mn} & b_m
\end{array}\right]
\quad \text{(式3.44)}
$$

これを拡大係数行列（enlarged coefficient matrix）や拡大行列（augmented

matrix）と呼びます。右側のブロックは定数ベクトルに由来することを明確にするため、縦線で区切られています。

例として、（式3.45）の線形方程式系の拡大係数行列を作成し、行基本変形を施してみます。

$$
\begin{aligned}
x_1 + 2x_2 - 3x_3 &= 6 \\
2x_1 + x_2 + 3x_3 &= -9 \\
-3x_1 + 3x_2 + 2x_3 &= -15
\end{aligned}
\tag{式3.45}
$$

拡大係数行列を$\mathbf{M}$とし、行基本変形によって（式3.46）のように行列$\overline{\mathbf{M}}$が得られました。

$$
\begin{aligned}
\mathbf{M} = &\left[\begin{array}{ccc|c} 1 & 2 & -3 & 6 \\ 2 & 1 & 3 & -9 \\ -3 & 3 & 2 & -15 \end{array}\right] \\
&\xrightarrow{\mathbf{R}_2 \to \mathbf{R}_2 - 2\mathbf{R}_1} \left[\begin{array}{ccc|c} 1 & 2 & -3 & 6 \\ 0 & -3 & 9 & -21 \\ -3 & 3 & 2 & -15 \end{array}\right] \\
&\xrightarrow{\mathbf{R}_2 \leftrightarrow \mathbf{R}_3} \left[\begin{array}{ccc|c} 1 & 2 & -3 & 6 \\ -3 & 3 & 2 & -15 \\ 0 & -3 & 9 & -21 \end{array}\right] \\
&\xrightarrow{\mathbf{R}_3 \to (1/3)\mathbf{R}_3} \left[\begin{array}{ccc|c} 1 & 2 & -3 & 6 \\ -3 & 3 & 2 & -15 \\ 0 & -1 & 3 & -7 \end{array}\right] = \overline{\mathbf{M}}
\end{aligned}
\tag{式3.46}
$$

行基本変形によって行列$\mathbf{M}$から行列$\overline{\mathbf{M}}$が得られる場合、$\mathbf{M}$と$\overline{\mathbf{M}}$は行同値（row equivalent）であるといいます。二つの線形方程式系の拡大係数行列が行同値である場合、それらの系は同じ解を持ちます。

行基本変形により拡大係数行列の左下の成分を可能な限りゼロにする操作を前進消去（forward elimination）と呼びます。そして、前進消去と後退代入によって解を計算する方法をガウスの消去法（Gaussian elimination）と呼びます。

行列は次の二つの条件を満たす場合に行階段形（row echelon form）であるといわれます。

1. ゼロだけで構成される全ての行は、非ゼロの成分を持つ行よりも下にある
2. 任意の行の主成分（leading entry）は、常に上の行の主成分より右側に位置する

主成分とは行の最も左にある非ゼロの成分であり、軸やピボット（pivot）とも呼ばれます。また、ピボットの変更を引き起こす入れ替えをピボット選択、ピボッティング（pivoting）といいます。特に行列の行だけを入れ替える場合は部分ピボット選択（partial pivoting）、行と列の両方を入れ替える場合は完全ピボット選択（full pivoting）と呼ばれます。

図3.13は行階段形の行列の例を示しています。$\star$が非ゼロの値、$*$は任意の値です。

$$
\left[\mathrm{A}\,\middle|\,\boldsymbol{b}\right] \xrightarrow{\text{行基本変形}} \left[\begin{array}{ccccc|c} \star & * & * & * & * & * \\ 0 & 0 & \star & * & * & * \\ 0 & 0 & 0 & \star & * & * \end{array}\right]
$$

図3.13 行階段形の行列

係数行列$\mathbf{A}$が可逆であれば、前進消去により係数行列を行階段形である上三角行列$\mathbf{U}$に変形できます。これは$\mathbf{A}\boldsymbol{x} = \boldsymbol{b}$を（式3.47）の形に変形させることに対応します。

$$
\mathbf{U}\boldsymbol{x} = \boldsymbol{c} \tag{式3.47}
$$

ここで、$\mathbf{U}$は上三角行列です。つまり、拡大係数行列に行基本変形を施して（式3.48）のような行階段形を目指します。

$$
\left[\begin{array}{cccc|c} a_{11} & a_{12} & \cdots & a_{1n} & b_1 \\ a_{21} & a_{22} & \cdots & a_{2n} & b_2 \\ \vdots & \vdots & \ddots & \vdots & \vdots \\ a_{n1} & a_{n2} & \cdots & a_{nn} & b_n \end{array}\right] \rightarrow \left[\begin{array}{cccc|c} u_{11} & u_{12} & \cdots & u_{1n} & c_1 \\ 0 & u_{22} & \cdots & u_{2n} & c_2 \\ \vdots & \vdots & \ddots & \vdots & \vdots \\ 0 & 0 & \cdots & u_{nn} & c_n \end{array}\right] \tag{式3.48}
$$

（式3.45）の線形方程式系を例とすれば、拡大係数行列を（式3.49）のように変形します。

$$
\begin{aligned}
\left[\begin{array}{ccc|c} 1 & 2 & -3 & 6 \\ 2 & 1 & 3 & -9 \\ -3 & 3 & 2 & -15 \end{array}\right] &\xrightarrow{\mathbf{R}_2 \to \mathbf{R}_2 - 2\mathbf{R}_1} \left[\begin{array}{ccc|c} 1 & 2 & -3 & 6 \\ 0 & -3 & 9 & -21 \\ -3 & 3 & 2 & -15 \end{array}\right] \\
&\xrightarrow{\mathbf{R}_3 \to \mathbf{R}_3 + 3\mathbf{R}_1} \left[\begin{array}{ccc|c} 1 & 2 & -3 & 6 \\ 0 & -3 & 9 & -21 \\ 0 & 9 & -7 & 3 \end{array}\right] \\
&\xrightarrow{\mathbf{R}_3 \to \mathbf{R}_3 + 3\mathbf{R}_2} \left[\begin{array}{ccc|c} 1 & 2 & -3 & 6 \\ 0 & -3 & 9 & -21 \\ 0 & 0 & 20 & -60 \end{array}\right]
\end{aligned} \tag{式3.49}
$$

拡大係数行列を行階段形に変形できたので、あとは後退代入によって解を得ることができます。この例では以下のように解$(x_1, x_2, x_3) = (1, -2, -3)$が求まります。

$$x_3 = \frac{-60}{20} = -3 \tag{式3.50}$$

$$x_2 = \frac{-21 - 9x_3}{-3} = \frac{-21 - 9(-3)}{-3} = -2 \tag{式3.51}$$

$$x_1 = 6 - 2x_2 + 3x_3 = 6 - 2(-2) + 3(-3) = 1 \tag{式3.52}$$

3-3-3 ガウス・ジョルダンの消去法

行基本変形によって得られる行階段形は一意に定まりません。例えば、ある行階段形の行列の行をスカラー倍しても行階段形であることに変わりはありません。行階段形を一意に定まるようにしたものが行簡約階段形（reduced row echelon form）です。行簡約階段形の行列は簡約行列と呼ばれることもあります。行簡約階段形は行階段形の条件に加えて次の二つの条件を満たします。

1. 全てのピボットは1である
2. ピボットを含む列においてはピボットだけが非ゼロの成分である

行簡約階段形は図3.14のような形をしています。

$$[\mathrm{A} \mid \boldsymbol{b}] \xrightarrow{\text{行基本変形}} \left[\begin{array}{ccccc|c} 1 & * & 0 & 0 & * & * \\ 0 & 0 & 1 & 0 & * & * \\ 0 & 0 & 0 & 1 & * & * \end{array}\right]$$

図3.14 行簡約階段形の行列

拡大係数行列が行簡約階段形となるまで行基本変形を施すことを行列の簡約化といいます。拡大係数行列を簡約化することで解を直接求めることができます。線形方程式系が一意解を持つのは$\mathbf{A}$が可逆行列であるときです。このとき、行簡約階段形である行列のピボットの数が変数の数と等しくなり、拡大係数行列の左側は単位行列になります。これは$\mathbf{A}$が可逆行列であれば$\mathbf{A}\boldsymbol{x} = \boldsymbol{b}$を（式3.53）に変形できることからわかります。

$$\mathbf{I}\boldsymbol{x} = \boldsymbol{c} \qquad \text{(式3.53)}$$

拡大係数行列を簡約化することで解を求める方法をガウス・ジョルダンの消去法（Gauss-Jordan elimination）と呼びます。この方法は行基本変形を繰り返すだけで解けるのでアルゴリズムは単純ですが、計算量が多いので実際にはあまり使われません。しかし、単純で理解しやすいこと、直接法の中では数値的安定性のよいアルゴリズムであるため、検算に使えることなどの長所も持っています。

SymPyにはガウス・ジョルダンの消去法で解を求める**gauss_jordan_solve**メソッドが用意されています。また、SymPyには行列の行簡約階段形を求める**rref**メソッドがあるので、これを使って解を得ることもできます。リスト3.2では**gauss_jordan_solve**メソッドを使って（式3.45）の線形方程式系の解を求めています。

リスト3.2 **gauss_jordan_solve**メソッドによる線形方程式系の求解

In

```
import sympy as sy
sy.init_printing()

A = sy.Matrix([[1, 2, -3],
               [2, 1, 3],
               [-3, 3, 2]])
b = sy.Matrix([6, -9, -15])

sol, params = A.gauss_jordan_solve(b)
sol
```

Out

$$\begin{bmatrix} 1 \\ -2 \\ -3 \end{bmatrix}$$

リスト3.3は**row_join**メソッドで拡大係数行列を作成し、**rref**メソッドでそれの行簡約階段形を求めています。拡大係数行列の左側が単位行列になり、最後の列が解になっていることが確認できます。なお**rref**メソッドが返すタプルの第2要素は、各行のピボットが第何列にあるかを示しています。

リスト3.3 **rref**メソッドによる行列の簡約化

In

```
M = A.row_join(b)
M.rref()
```

Out

$$\left(\begin{bmatrix}1 & 0 & 0 & 1\\0 & 1 & 0 & -2\\0 & 0 & 1 & -3\end{bmatrix},\ (0,\ 1,\ 2)\right)$$

3-3-4 解の個数の判定

拡大係数行列の行簡約階段形を見ると線形方程式系が解を持つか、解が一意に定まるのかを判定することができます。例えば、拡大係数行列が（式3.54）の行簡約階段形になったとします。

$$\left[\begin{array}{cccc|c}0 & 1 & 3 & 0 & 2\\0 & 0 & 1 & -2 & 0\\0 & 0 & 0 & 0 & 1\\0 & 0 & 0 & 0 & 0\end{array}\right] \tag{式3.54}$$

これは（式3.55）の線形方程式系を示しています。

$$\begin{aligned}x + 3y &= 2\\y - 2z &= 0\\0 &= 1\\0 &= 0\end{aligned} \tag{式3.55}$$

（式3.55）の3番目の方程式が$0 = 1$となって矛盾しており、この線形方程式系には解が存在しません。このように、行簡約階段形が右端の成分だけゼロでない行を持つとき、線形方程式系は解を持ちません。

次に拡大係数行列が（式3.56）の行簡約階段形となる線形方程式系を考えます。

$$\left[\begin{array}{ccc|c}1 & 2 & 0 & 4\\0 & 0 & 1 & -3\\0 & 0 & 0 & 0\end{array}\right] \tag{式3.56}$$

この拡大係数行列は（式3.57）を表しています。

$$\begin{aligned} x + 2y &= 4 \\ z &= -3 \\ 0 &= 0 \end{aligned} \tag{式3.57}$$

この場合yを自由に定めて$x = 4 - 2y$を解くことができるので、線形方程式系は無数の解を持ちます。一般に、ピボットを含む列に対応する変数をピボット変数（pivot variable, leading variable）と呼び、そうでない変数を自由変数（free variable）と呼びます。この例ではピボットを含む列は1列目と3列目なので、xとzがピボット変数、yが自由変数です。無数の解を持つ線形方程式系の解集合は自由変数を用いて記述することができます。この例題では解は（式3.58）と表せます。

$$\begin{bmatrix} x \\ y \\ z \end{bmatrix} = \begin{bmatrix} 4 - 2y \\ y \\ -3 \end{bmatrix} = \begin{bmatrix} 4 \\ 0 \\ -3 \end{bmatrix} + y \begin{bmatrix} -2 \\ 1 \\ 0 \end{bmatrix} \tag{式3.58}$$

自由変数の数は解集合の次元と考えることができます。例えば、自由変数が一つなら解集合は直線、二つなら平面といった具合です。（式3.58）の解集合は$\mathbb{R}^3$の空間に存在する直線と解釈することができます。線形方程式系が矛盾しておらず、簡約化した拡大係数行列の左側にピボットがない列が一つでもあるとき、線形方程式系には無数の解が存在します。

以上のように拡大係数行列を行簡約階段形にすることで、線形方程式系の解の個数を判定することができます。ただし、斉次系（$\mathbf{A}\boldsymbol{x} = \mathbf{0}$）では少なくとも自明解があるので解が存在することは保証されます。斉次系には一意解として自明解を持つか、無数に解を持つかのどちらかしかありません。

3-3-5 逆行列の求め方

行基本変形によって可逆行列の逆行列を求めることができます。その方法は、行列に対する行基本変形を行列の積として表現できることからわかります。（式3.59）の2×2行列$\mathbf{A}$があり、これの行を入れ替えたいとします。

$$\mathbf{A} = \begin{bmatrix} 1 & 2 \\ 3 & 4 \end{bmatrix} \tag{式3.59}$$

（式3.60）は行列$\mathbf{A}$の左から行列を掛けることにより、行の入れ替えを実現しています。

$$\begin{bmatrix} 0 & 1 \\ 1 & 0 \end{bmatrix} \begin{bmatrix} 1 & 2 \\ 3 & 4 \end{bmatrix} = \begin{bmatrix} 3 & 4 \\ 1 & 2 \end{bmatrix} \tag{式3.60}$$

また、行列$\mathbf{A}$の1行目を2倍にする操作は（式3.61）のように表すことができます。

$$\begin{bmatrix} 2 & 0 \\ 0 & 1 \end{bmatrix} \begin{bmatrix} 1 & 2 \\ 3 & 4 \end{bmatrix} = \begin{bmatrix} 2 & 4 \\ 3 & 4 \end{bmatrix} \tag{式3.61}$$

同様に、2行目に1行目の-3倍を足すことも（式3.62）で実現できます。

$$\begin{bmatrix} 1 & 0 \\ -3 & 1 \end{bmatrix} \begin{bmatrix} 1 & 2 \\ 3 & 4 \end{bmatrix} = \begin{bmatrix} 1 & 2 \\ 0 & -2 \end{bmatrix} \tag{式3.62}$$

行基本変形を表す行列を$\mathbf{E}$と表すことにします。この行列$\mathbf{E}$は（式3.63）のように単位行列に行基本変形を施すことで得られます。

$$\mathbf{I} = \begin{bmatrix} 1 & 0 \\ 0 & 1 \end{bmatrix} \xrightarrow{\mathbf{R}_2 \to \mathbf{R}_2 - 3\mathbf{R}_1} \begin{bmatrix} 1 & 0 \\ -3 & 1 \end{bmatrix} = \mathbf{E} \tag{式3.63}$$

$\mathbf{E}$は単位行列に1回の行基本変形を施して得られる行列であり、基本行列（elementary matirix）と呼ばれます。

ガウスの消去法やガウス・ジョルダンの消去法では連続して行基本変形を施しますが、これは基本行列を左から次々に掛けることに対応します。（式3.64）では2行目に1行目の-3倍を足したあと、1行目と2行目を入れ替えています。

$$\begin{bmatrix} 0 & 1 \\ 1 & 0 \end{bmatrix} \begin{bmatrix} 1 & 0 \\ -3 & 1 \end{bmatrix} \begin{bmatrix} 1 & 2 \\ 3 & 4 \end{bmatrix} = \begin{bmatrix} 0 & -2 \\ 1 & 2 \end{bmatrix} \tag{式3.64}$$

つまり、一連の基本行列$\mathbf{E}_1, \mathbf{E}_2, \ldots, \mathbf{E}_k$を掛けることは（式3.65）のように表すことができます。

$$\mathbf{E} = \mathbf{E}_k \cdots \mathbf{E}_2 \mathbf{E}_1 \tag{式3.65}$$

基本行列は可逆行列であることが重要です。三つの行基本変形は必ず逆の変形によって元に戻すことができます。（式3.66）のように、2行目に1行目の-3倍を足す操作を$\mathbf{E}_1$、それを戻す2行目に1行目の3倍を足す行操作を$\mathbf{E}_2$とします。

$$\mathbf{E}_1 = \begin{bmatrix} 1 & 0 \\ -3 & 1 \end{bmatrix}, \ \mathbf{E}_2 = \begin{bmatrix} 1 & 0 \\ 3 & 1 \end{bmatrix} \tag{式3.66}$$

$\mathbf{E}_1$と$\mathbf{E}_2$の積は$\mathbf{E}_1\mathbf{E}_2 = \mathbf{E}_2\mathbf{E}_1 = \mathbf{I}$のように単位行列になります。よって、

$\mathbf{E}_2$は$\mathbf{E}_1$の逆行列であるので$\mathbf{E}_1$は可逆行列です。

ガウス・ジョルダンの消去法でも見たように、$n \times n$行列$\mathbf{A}$が可逆行列であれば、$\mathbf{A}$の行簡約階段形は単位行列になります。$\mathbf{A}$を簡約化して単位行列にできるのであれば、$\mathbf{A}$の左からいくつかの基本行列$\mathbf{E}_1, \mathbf{E}_2, \ldots, \mathbf{E}_k$を順次掛けていくことで単位行列を得ることができます。これは基本行列の積$\mathbf{E}_k \cdots \mathbf{E}_2\mathbf{E}_1$は$\mathbf{A}^{-1}$であることを示しています。つまり、(式3.67)が成り立ちます。

$$\mathbf{A}^{-1}\mathbf{A} = \mathbf{E}_k \cdots \mathbf{E}_2\mathbf{E}_1\mathbf{A} = \mathbf{I} \quad \text{(式3.67)}$$

$\mathbf{A}^{-1}$を求めるために左側を行列$\mathbf{A}$、右側を$n \times n$の単位行列とした拡大係数行列を作成します。次にその行列を簡約化します。そうすることで、(式3.68)のように拡大係数行列の右側は基本行列の積になります。

$$\begin{aligned}\mathbf{E}_k \cdots \mathbf{E}_2\mathbf{E}_1 \left[\begin{array}{c|c} \mathbf{A} & \mathbf{I} \end{array}\right] &= \left[\begin{array}{c|c} \mathbf{E}_k \cdots \mathbf{E}_2\mathbf{E}_1\mathbf{A} & \mathbf{E}_k \cdots \mathbf{E}_2\mathbf{E}_1 \end{array}\right] \\ &= \left[\begin{array}{c|c} \mathbf{I} & \mathbf{A}^{-1} \end{array}\right] \end{aligned} \quad \text{(式3.68)}$$

このように拡大係数行列の右ブロックが$\mathbf{A}^{-1}$となるので、行基本変形だけで行列の逆行列を求めることができます。

SymPyを用いてこれを確認してみましょう。リスト3.4では右ブロックを単位行列とした拡大係数行列を作成しています。

リスト3.4 拡大係数行列の準備

In

```
A = sy.Matrix([[1, 2, 3],
               [2, 5, 3],
               [1, 0, 8]])
I = sy.eye(3)


M = A.row_join(I)
M
```

Out

$$\begin{bmatrix} 1 & 2 & 3 & 1 & 0 & 0 \\ 2 & 5 & 3 & 0 & 1 & 0 \\ 1 & 0 & 8 & 0 & 0 & 1 \end{bmatrix}$$

rrefメソッドで行簡約階段形を求めると左ブロックが単位行列、右ブロックが逆行列となります（リスト3.5）。

リスト3.5 拡大係数行列を簡約化

In
```
M = A.row_join(I)
M.rref()
```

Out

$$\left(\begin{bmatrix}1 & 0 & 0 & -40 & 16 & 9\\0 & 1 & 0 & 13 & -5 & -3\\0 & 0 & 1 & 5 & -2 & -1\end{bmatrix},\ (0,\ 1,\ 2)\right)$$

このようにしなくてもSymPyには逆行列を返す**inv**メソッドが用意されています。リスト3.6で求めた逆行列がリスト3.5で求めた逆行列と一致しています。

リスト3.6 **inv**メソッドによる逆行列の計算

In
```
A.inv()
```

Out

$$\begin{bmatrix}-40 & 16 & 9\\13 & -5 & -3\\5 & -2 & -1\end{bmatrix}$$

NumPyの配列ではSciPyの**linalg.inv**関数で逆行列を求められます（リスト3.7）。NumPyにも同名の関数がありますがSciPy版の方がオプションの機能が豊富です。

リスト3.7 **linalg.inv**関数による逆行列の計算

In
```
import scipy.linalg as sla


A = np.array([[1, 2, 3],
              [2, 5, 3],
              [1, 0, 8]])


sla.inv(A)
```

```
Out
array([[-40.,  16.,   9.],
       [ 13.,  -5.,  -3.],
       [  5.,  -2.,  -1.]])
```


3.4 LU分解による線形方程式系の解法

本節ではn個の未知数、n個の方程式からなる線形方程式系の解法として、その係数行列を下三角行列と上三角行列の積に分解して解く方法を説明します。この方法はLU分解法と呼ばれ、現在標準的に用いられる直接法の一つとなっています。

3-4-1 LU分解

同一の係数行列$\mathbf{A}$の線形方程式系を何度も解かなければならない場合があります。ガウスの消去法では$\mathbf{A}$が同じであっても、定数ベクトル$\boldsymbol{b}$が異なれば拡大係数行列の行基本変形を最初からやり直すしかありません。LU分解法はそのような場合に計算回数を減らすための方法です。

$n \times n$行列$\mathbf{A}$を（式3.69）のように下三角行列$\mathbf{L}$と上三角行列$\mathbf{U}$の積に分解することをLU分解（LU Decomposition）と呼びます。

$$\mathbf{A} = \mathbf{LU} \tag{式3.69}$$

例えば$\mathbf{A}$が3×3行列だった場合には、行列の成分は（式3.70）のようになります。

$$\begin{bmatrix} a_{11} & a_{12} & a_{13} \\ a_{21} & a_{22} & a_{23} \\ a_{31} & a_{32} & a_{33} \end{bmatrix} = \begin{bmatrix} l_{11} & 0 & 0 \\ l_{21} & l_{22} & 0 \\ l_{31} & l_{32} & l_{33} \end{bmatrix} \begin{bmatrix} u_{11} & u_{12} & u_{13} \\ 0 & u_{22} & u_{23} \\ 0 & 0 & u_{33} \end{bmatrix} \tag{式3.70}$$

$\mathbf{A}$が可逆行列であれば$\mathbf{L}$と$\mathbf{U}$も可逆行列であり、$\mathbf{L}$と$\mathbf{U}$の主対角成分l_{ii}とu_{ii}は非ゼロ成分です。

LU分解を用いれば線形方程式系$\mathbf{A}\boldsymbol{x} = \boldsymbol{b}$は（式3.71）と表せます。

$$\mathbf{A}\boldsymbol{x} = (\mathbf{LU})\,\boldsymbol{x} = \mathbf{L}\,(\mathbf{U}\boldsymbol{x}) = \boldsymbol{b} \tag{式3.71}$$

この式より、解を求めるにはまず（式3.72）を解いてベクトル$\boldsymbol{c} = (c_1, c_2, \ldots, c_n)$を計算します。

$$\mathbf{L}\boldsymbol{c} = \boldsymbol{b} \tag{式3.72}$$

次に（式3.73）を解くことで解ベクトル$\boldsymbol{x}$を求めます。

$$\mathbf{U}\boldsymbol{x} = \boldsymbol{c} \tag{式3.73}$$

（式3.72）と（式3.73）のような係数行列が三角行列の形をした線形方程式系は簡単に解くことができます。$\mathbf{L}$は下三角行列なので（式3.72）の1行目に対応する方程式は次のようになります。

$$l_{11}c_1 = b_1 \tag{式3.74}$$

$l_{11} \neq 0$なのでc_1の値が求まります。2行目の方程式は（式3.75）になります。

$$l_{21}c_1 + l_{22}c_2 = b_2 \tag{式3.75}$$

c_1の値が求まっているので、c_2も（式3.76）で容易に計算できます。

$$c_2 = \frac{1}{l_{22}}\left(b_2 - l_{21}c_1\right) \tag{式3.76}$$

この計算を次々に進めていくことで$\boldsymbol{c}$が求まります。このように方程式の上から順番に未知数を求める計算過程を前進代入 (forward substitution) と呼びます。この例の前進代入は（式3.77）のように表します。

$$\begin{aligned} c_1 &= \frac{1}{l_{11}}b_1 \\ c_i &= \frac{1}{l_{ii}}\left(b_i - \sum_{j=1}^{i-1} l_{ij}c_j\right),\ i = 2, 3, \ldots, n \end{aligned} \tag{式3.77}$$

　正方行列$\mathbf{A}$を行の入れ替えだけは行わずに行階段形にできる場合、$\mathbf{A}$はLU分解できます。これを説明するために、行の入れ替えを含まない一連の行基本変形により$\mathbf{A}$が行階段形$\mathbf{U}$になると仮定します。これは一連の行基本変形を$\mathbf{E}_1, \mathbf{E}_2, \ldots, \mathbf{E}_k$として（式3.78）を意味します。

$$\mathbf{E}_k \cdots \mathbf{E}_2\mathbf{E}_1\mathbf{A} = \mathbf{U} \tag{式3.78}$$

　基本行列は可逆行列なので（式3.79）が成り立ちます。

$$\mathbf{A} = \mathbf{E}_1^{-1}\mathbf{E}_2^{-1} \cdots \mathbf{E}_k^{-1}\mathbf{U} \tag{式3.79}$$

この式から$\mathbf{L}$を（式3.80）と表します。

$$\mathbf{L} = \mathbf{E}_1^{-1}\mathbf{E}_2^{-1}\cdots\mathbf{E}_k^{-1} \qquad \text{(式3.80)}$$

（式3.78）の$\mathbf{U}$は正方行列の行階段形なので上三角行列です（主対角成分より下の成分は全てゼロ）。$\mathbf{L}$が下三角であることを証明するには、（式3.80）の基本行列の逆行列が全て下三角行列であることを証明すれば十分です。下三角行列同士の積は下三角行列となるので、$\mathbf{L}$そのものが下三角行列であることを意味することになります。行の交換は除外されるので、$\mathbf{E}_i$は単位行列の1行に非ゼロのスカラーを掛けるか、単位行列の1行のスカラー倍を下の行に加えることで得られます。いずれの場合も得られる行列$\mathbf{E}_i$は下三角行列です。下三角行列の逆行列は下三角行列であるので、$\mathbf{E}_i^{-1}$は下三角行列です。よって$\mathbf{L}$も三角行列となります。なお、行階段形は一意に定まるものではないので、$\mathbf{L}$と$\mathbf{U}$も一意に定まるわけではありません。

ここで、実際にLU分解で$\mathbf{L}$と$\mathbf{U}$を求める例を示します。（式3.81）の3×3行列の$\mathbf{A}$をLU分解します。

$$\mathbf{A} = \begin{bmatrix} 1 & 2 & -1 \\ 2 & 3 & 2 \\ 5 & 1 & 4 \end{bmatrix} \qquad \text{(式3.81)}$$

$\mathbf{A}$と単位行列で拡大係数行列を作成し、左ブロックが行階段形になるまで変形します（式3.82）。

$$\left[\begin{array}{ccc|ccc} 1 & 2 & -1 & 1 & 0 & 0 \\ 2 & 3 & 2 & 0 & 1 & 0 \\ 5 & 1 & 4 & 0 & 0 & 1 \end{array}\right] \xrightarrow{\mathbf{R}_2 \to \mathbf{R}_2 - 2\mathbf{R}_1} \left[\begin{array}{ccc|ccc} 1 & 2 & -1 & 1 & 0 & 0 \\ 0 & -1 & 4 & -2 & 1 & 0 \\ 5 & 1 & 4 & 0 & 0 & 1 \end{array}\right]$$
$$\xrightarrow{\mathbf{R}_2 \to \mathbf{R}_2 - 5\mathbf{R}_1} \left[\begin{array}{ccc|ccc} 1 & 2 & -1 & 1 & 0 & 0 \\ 0 & -1 & 4 & -2 & 1 & 0 \\ 0 & -9 & 9 & -5 & 0 & 1 \end{array}\right]$$
$$\xrightarrow{\mathbf{R}_3 \to \mathbf{R}_3 - 9\mathbf{R}_2} \left[\begin{array}{ccc|ccc} 1 & 2 & -1 & 1 & 0 & 0 \\ 0 & -1 & 4 & -2 & 1 & 0 \\ 0 & 0 & -27 & 13 & -9 & 1 \end{array}\right] \qquad \text{(式3.82)}$$

この行階段形の左ブロックが$\mathbf{U}$であり、右ブロックの逆行列が$\mathbf{L}$となります（式3.83）。

$$\mathbf{L} = \begin{bmatrix} 1 & 0 & 0 \\ -2 & 1 & 0 \\ 13 & -9 & 1 \end{bmatrix}^{-1} = \begin{bmatrix} 1 & 0 & 0 \\ 2 & 1 & 0 \\ 5 & 9 & 1 \end{bmatrix} \qquad \text{(式3.83)}$$

求められた$\mathbf{L}$の主対角成分より下の成分$2, 5, 9$に注目してください。実施した行基本変形は$\mathbf{R}_2 - 2\mathbf{R}_1$、$\mathbf{R}_2 - 5\mathbf{R}_1$、$\mathbf{R}_3 - 9\mathbf{R}_2$でしたが、これらで行に掛けたスカラーの値は$-2, -5, -9$です。これは先程の$\mathbf{L}$の成分を負の値にしたものと一致します。実は$\mathbf{L}$の行には$\mathbf{U}$を$\mathbf{A}$に変換するのに必要な基本変形の係数が含まれているのです。$\mathbf{A}$を$\mathbf{U}$に変換するための行基本変形は、$\mathbf{U}$を$\mathbf{A}$にする操作の逆であり、$\mathbf{R}_i + c\mathbf{R}_j$を元に戻す操作は$\mathbf{R}_i - c\mathbf{R}_j$となります。

この性質を利用すれば$\mathbf{L}$を求める際に逆行列の計算をする必要がなくなります。また、LU分解では$\mathbf{L}$と$\mathbf{U}$の成分であらかじめ0と1になる箇所はわかっているので、その成分の計算は省略できます。そしてコンピュータで計算する場合には$\mathbf{L}$と$\mathbf{U}$を一つの行列にまとめて管理することで、メモリの使用量を減らすこともできます。つまり，コンピュータのメモリ内には$\mathbf{L} + \mathbf{U}$から$\mathbf{L}$の主対角成分を除いた行列を格納しておけば十分です。例えば、（式3.81）の$\mathbf{A}$を行階段形にしていきつつ、実施した変換$\mathbf{R}_i - c\mathbf{R}_j$の係数$c$を記録していきます。（式3.84）ではその記録した値を括弧で括って表示しています。

$$
\begin{bmatrix} 1 & 2 & -1 \\ 2 & 3 & 2 \\ 5 & 1 & 4 \end{bmatrix}
\xrightarrow{\mathbf{R}_2 \to \mathbf{R}_2 - (2)\mathbf{R}_1}
\begin{bmatrix} 1 & 2 & -1 \\ (2) & -1 & 4 \\ 5 & 1 & 4 \end{bmatrix}
\xrightarrow{\mathbf{R}_2 \to \mathbf{R}_2 - (5)\mathbf{R}_1}
\begin{bmatrix} 1 & 2 & -1 \\ (2) & -1 & 4 \\ (5) & -9 & 9 \end{bmatrix}
\xrightarrow{\mathbf{R}_3 \to \mathbf{R}_3 - (9)\mathbf{R}_2}
\begin{bmatrix} 1 & 2 & -1 \\ (2) & -1 & 4 \\ (5) & (9) & -27 \end{bmatrix}
\qquad \text{(式3.84)}
$$

3-4-2 PLU分解

LU分解は便利な道具ですが、どのような行列においても上手く機能するものではありません。LU分解のアルゴリズムにはピボットでの割り算が含まれているので、ピボットがゼロになるとLU分解の計算はできません。また、ピボットが非常に小さい値になると計算の誤差が大きくなりすぎてしまいます。これを回避するために行を交換したいのですが、LU分解の計算過程で行を交換してしまうと$\mathbf{L}$と$\mathbf{U}$が得られることは保証されません。そこで、LU分解の前に係数行列$\mathbf{A}$の行を交換することで、この問題を回避することができます。つまり、行の交換を表す基本行列を順番に掛け合わせて行列$\mathbf{Q}$を作成し、積$\mathbf{QA}$を計算するということです。この行列$\mathbf{Q}$を置換行列（permutation matrix）と呼びます。

$\mathbf{QA}$は行の交換をせずに行階段形に変形できるのでLU分解が保証され、（式3.85）のように分解できます。

$$\mathbf{QA} = \mathbf{LU} \qquad \text{（式3.85）}$$

行列$\mathbf{Q}$は基本行列の積なので$\mathbf{A}\boldsymbol{x} = \boldsymbol{b}$は（式3.86）と同じ解を持ちます。

$$\mathbf{QA}\boldsymbol{x} = \mathbf{Q}\boldsymbol{b} \qquad \text{（式3.86）}$$

（式3.86）は（式3.85）のLU分解を使って（式3.87）のように変形できます。

$$\mathbf{LU}\boldsymbol{x} = \mathbf{Q}\boldsymbol{b} \qquad \text{（式3.87）}$$

（式3.85）は次のように表現されるのが一般的です。

$$\mathbf{A} = \mathbf{PLU} \qquad \text{（式3.88）}$$

ここで、基本行列の積は可逆行列なので$\mathbf{Q}^{-1}$が存在し、$\mathbf{P} = \mathbf{Q}^{-1}$としています。（式3.88）を$\mathbf{A}$のPLU分解（PLU Decomposition）や部分ピボット選択付きのLU分解と呼びます。なお、置換行列は第6章で解説する直交行列なので$\mathbf{Q}^{-1} = \mathbf{Q}^{\mathsf{T}}$という性質を持っています。

PLU分解はあらゆる行列に適用できることが最大の利点です。ただし、数値計算においてはピボット選択の方法によって分解結果の誤差が異なります。ピボットの候補になり得る成分の中から絶対値が最大であるものを探してピボット選択すると、結果の誤差が少なくなるので推奨されています。

NumPyの配列を使って$\mathbf{L}$と$\mathbf{U}$を求めたい場合はSciPyの**linalg.lu**関数を使用します。この関数は リスト3.8 のように$\mathbf{P}$も返します。

リスト3.8 **linalg.lu**関数によるLU分解

In

```
A = np.array([[1, 2, 1],
              [2, 4, 7],
              [4, 6, 5]])
b = np.array([[3, -4, 6]]).T

P, L, U = sla.lu(A)
P, L, U
```

Out

```
(array([[0., 0., 1.],
        [0., 1., 0.],
        [1., 0., 0.]]),
 array([[1.  , 0.  , 0.  ],
        [0.5 , 1.  , 0.  ],
        [0.25, 0.5 , 1.  ]]),
 array([[ 4. ,  6. ,  5. ],
        [ 0. ,  1. ,  4.5],
        [ 0. ,  0. , -2.5]]))
```

求めた$\mathbf{PLU}$と$\mathbf{A}$は一致します（リスト3.9）。

リスト3.9 $\mathbf{A} = \mathbf{PLU}$の確認

In

```
np.allclose(A, P @ L @ U)
```

Out

```
True
```

また、SciPyの**linalg.solve_triangular**関数は前進代入、後退代入の計算を行うものです。リスト3.10のようにして$\mathbf{A}\boldsymbol{x} = \boldsymbol{b}$の解$\boldsymbol{x}$を求めることができます。

リスト3.10 **linalg.solve_triangular**関数による求解

In

```
sla.solve_triangular(U, sla.solve_triangular➡
(L, P @ b, lower=True))
```

Out

```
array([[ 1.],
       [ 2.],
       [-2.]])
```

LU分解法で線形方程式系を解きたいだけであればSciPyの**linalg.lu_factor**関数と**linalg.lu_solve**関数を使いましょう。**linalg.lu_factor**関数は$\mathbf{L}$と$\mathbf{U}$をまとめた行列と、どの行が入れ変えられたかを表す配列を返します（リスト3.11）。

リスト3.11 `linalg.lu_factor`関数によるLU分解

In
```
LU, piv = sla.lu_factor(A)
LU, piv
```

Out
```
(array([[ 4.  ,  6.  ,  5.  ],
        [ 0.5 ,  1.  ,  4.5 ],
        [ 0.25,  0.5 , -2.5 ]]),
 array([2, 1, 2], dtype=int32))
```

いくつか異なる$\boldsymbol{b}$に対して解を求める場合には**linalg.lu_factor**関数で得た結果を使い回し、**linalg.lu_solve**関数を使って解を求めます（リスト3.12）。

リスト3.12 `linalg.lu_solve`関数による求解

In
```
sla.lu_solve((LU, piv), b)
```

Out
```
array([[ 1.],
       [ 2.],
       [-2.]])
```

1回だけ$\mathbf{A}\boldsymbol{x} = \boldsymbol{b}$の解を求めたいときは、SciPyの**linalg.solve**関数を使いましょう（リスト3.13）。NumPyにも同名の関数が存在しますが、SciPy版の方がオプションの機能が豊富です。

リスト3.13 `linalg.solve`関数による求解

In
```
sla.solve(A, b)
```

Out
```
array([[ 1.],
       [ 2.],
       [-2.]])
```

SymPyでは**Matrix**クラスの**LUdecomposition**メソッドによりLU分解を行えます（リスト3.14）。このメソッドは$\mathbf{L}$と$\mathbf{U}$および行の交換情報（ピボット選択がなければ空行列）を返します。

リスト3.14 **LUdecomposition**メソッドによるLU分解

In
```
A = sy.Matrix([[1, 2, 1],
               [1, 2, 2],
               [2, 1, 1]])
b = sy.Matrix([3, 2, 4])

L, U, p = A.LUdecomposition()
L, U, p
```

Out

$$\left(\begin{bmatrix}1 & 0 & 0\\2 & 1 & 0\\1 & 0 & 1\end{bmatrix},\ \begin{bmatrix}1 & 2 & 1\\0 & -3 & -1\\0 & 0 & 1\end{bmatrix},\ [[1,\ 2]]\right)$$

リスト3.15では分解結果の確認のために行列$\mathbf{PLU}$を計算しています。

リスト3.15 $\mathbf{PLU}$の確認

In
```
(L * U).permuteBkwd(p)
```

Out

$$\begin{bmatrix}1 & 2 & 1\\1 & 2 & 2\\2 & 1 & 1\end{bmatrix}$$

$\mathbf{L}$と$\mathbf{U}$が求まったので任意の$\boldsymbol{b}$に対して解を求めることができます（リスト3.16）。SymPyでは前進代入と後退代入で解を求める**upper_triangular_solve**関数と**lower_triangular_solve**関数が用意されています。

リスト3.16 任意の$\boldsymbol{b}$に対して解を求める

In
```
U.upper_triangular_solve(L.lower_triangular_solve➡
(b.permuteFwd(p)))
```

Out

$$\begin{bmatrix} 2 \\ 1 \\ -1 \end{bmatrix}$$

ある一つの$\boldsymbol{b}$について解$\boldsymbol{x}$を求めるだけなら$\mathbf{L}$と$\mathbf{U}$を明示的に求める必要はありません。リスト3.17のように**LUsolve**メソッドを使用すれば解が求まります。

リスト3.17 LUメソッドによる求解

In

```
A.LUsolve(b)
```

Out

$$\begin{bmatrix} 2 \\ 1 \\ -1 \end{bmatrix}$$

第4章 行列式

ここで、行列の最も重要な性質の一つである行列式を紹介します。行列式は正方行列の成分から計算される数値です。この数値は行列が表現する線形変換の性質を表し、特に行列が可逆であるかを判定する指標になります。

4.1 行列式

本節では行列式の概念と行列式の定義を解説します。

4-1-1 行列式の幾何学的な意味

行列式（determinant）は任意の$n \times n$行列に対してただ一つ定まる数値（スカラー）です。行列式は数学のさまざまな場面で登場します。特に行列式は逆行列についての有用な定理を提供するので重要です。

まずは行列式の幾何学的な意味を説明します。全ての$n \times n$行列$\mathbf{A}$は、$\boldsymbol{x} \in \mathbb{R}^n$を$\mathbf{A}\boldsymbol{x} \in \mathbb{R}^n$に移す線形変換と考えることができます。その線形変換は各辺が$\boldsymbol{e}_1, \boldsymbol{e}_2, \ldots, \boldsymbol{e}_n$である単位正方形（次元に応じて立方体、または超立方体）を、各辺が$\mathbf{A}\boldsymbol{e}_1, \mathbf{A}\boldsymbol{e}_2, \ldots, \mathbf{A}\boldsymbol{e}_n$である平行四辺形（平行六面体、超平行六面体）に移すものです。これは2次元の場合では図4.1のような図として描けます。

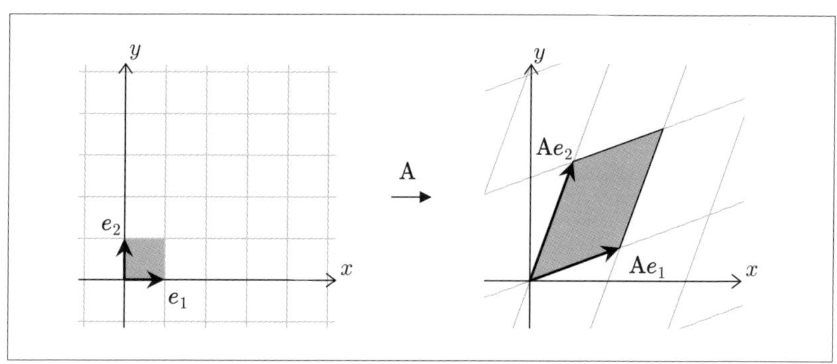

図4.1 2×2行列$\mathbf{A}$が単位正方形を平行四辺形に移す

$\mathbf{A}$の行列式は$\det(\mathbf{A})$と表記されます。そして、$\det(\mathbf{A})$は$\mathbf{A}$がどれだけ空間を拡大・縮小させるかを表しています。これは$\mathbf{A}\boldsymbol{e}_1, \mathbf{A}\boldsymbol{e}_2, \ldots, \mathbf{A}\boldsymbol{e}_n$で形成される平行四辺形（平行六面体、超平行六面体）の面積（体積、超体積）を示しているともいえます。

（式4.1）の行列$\mathbf{A}$の行列式を求めてみましょう（図4.2）。

$$\mathbf{A} = \begin{bmatrix} a & b \\ c & d \end{bmatrix} \quad \text{（式4.1）}$$

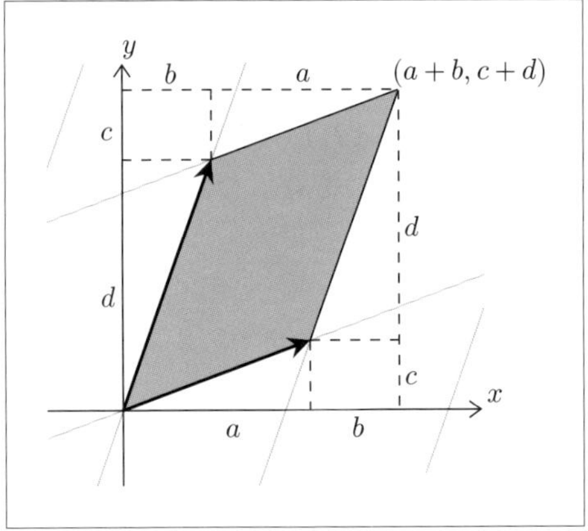

図4.2 （式4.1）の行列 $\mathbf{A}$ の行列式（平行四辺形の面積）

図4.2 のように辺の長さがわかるので、平行四辺形の面積は（式4.2）となります。

$$\det(\mathbf{A}) = (a+b)(c+d) - ac - bd - 2bc = ad - bc \quad \text{(式4.2)}$$

正確には行列式は符号付き面積を表すので、その絶対値が平行四辺形の面積です。平行四辺形を定義する第1ベクトルから第2ベクトルへの角度が反時計回りの回転なら正、時計回りの回転なら負になります。

4-1-2 行列式の定義

$n \times n$ 行列の行列式は、第 $1, 2, \ldots, n$ 行から順に一つずつ、かつ各列から一つずつ選択した n 個の成分の積全てを、符号を決めて足し合わせたものです。その符号は、各積の成分の列番号が $1, 2, \ldots, n$ の順になるよう並べ替えるのに必要な成分の交換回数によって決まります。交換回数が偶数の場合に符号は＋であり、それ以外の場合では－です。この説明だけではわかりにくいので具体例を示します。（式4.3）の一般的な 2×2 行列の行列式を求めます。

$$\mathbf{A} = \begin{bmatrix} a_{11} & a_{12} \\ a_{21} & a_{22} \end{bmatrix} \quad \text{(式4.3)}$$

まず、符号を考慮せずに成分の積を並べます。例えば、1番目の積として第1行から第1列の a_{11} を、第2行から第2列の a_{22} を選択します。また、2番目の積として第1行から第2列の a_{12} を、第2行から第1列の a_{21} を選択します。

$$a_{11}a_{22} \quad a_{12}a_{21} \tag{式4.4}$$

1番目の積の各成分に注目すると、列番号の順序は$1, 2$であるため、その符号は$+$です。2番目の積においては、各成分の列番号は$2, 1$の順になっているため、その符号は$-$です。よって、$\mathbf{A}$の行列式$\det(\mathbf{A})$は（式4.5）のようになります。

$$\det(\mathbf{A}) = a_{11}a_{22} - a_{12}a_{21} \tag{式4.5}$$

（式4.6）のような3×3行列の行列式も同様に求められます。

$$\mathbf{A} = \begin{bmatrix} a_{11} & a_{12} & a_{13} \\ a_{21} & a_{22} & a_{23} \\ a_{31} & a_{32} & a_{33} \end{bmatrix} \tag{式4.6}$$

この行列の行列式は（式4.7）になります。

$$\begin{aligned} \det(\mathbf{A}) &= a_{11}a_{22}a_{33} - a_{11}a_{23}a_{32} - a_{12}a_{21}a_{33} \\ &\quad + a_{12}a_{23}a_{31} + a_{13}a_{21}a_{32} - a_{13}a_{22}a_{31} \\ &= a_{11}\left(a_{22}a_{33} - a_{23}a_{32}\right) \\ &\quad - a_{12}\left(a_{21}a_{33} - a_{23}a_{31}\right) \\ &\quad + a_{13}\left(a_{21}a_{32} - a_{22}a_{31}\right) \end{aligned} \tag{式4.7}$$

正方行列$\mathbf{A}$の行列式には$|\mathbf{A}|$という記法もあります。ただしこれは行列の絶対値の表記と被るので、混同されることがないときにだけ使用されます。この表記を用いて、（式4.6）の行列$\mathbf{A}$の行列式は（式4.8）のように表せます。

$$a_{11}\begin{vmatrix} a_{22} & a_{23} \\ a_{32} & a_{33} \end{vmatrix} - a_{12}\begin{vmatrix} a_{21} & a_{23} \\ a_{31} & a_{33} \end{vmatrix} + a_{13}\begin{vmatrix} a_{21} & a_{22} \\ a_{31} & a_{32} \end{vmatrix} \tag{式4.8}$$

各項の係数であるa_{11}, a_{12}, a_{13}は第1行の第$1, 2, 3$列の成分です。また、各項にある行列式の2×2行列はそれぞれ、a_{11}, a_{12}, a_{13}が含まれる行と列を除いて得られる小行列です。一般の$n \times n$行列においてもこの展開を繰り返すことで行列式を求めることができます。

$\mathbf{A}$から第i行と第j列を除いて得られた$(n-1) \times (n-1)$行列を$\mathbf{A}_{ij}$として、$\det(\mathbf{A}_{ij})$を(i, j)小行列式（minor）と呼びます。小行列式を用いて$n \times n$行列$\mathbf{A}$の行列式は（式4.9）のように定義されます。

$$\det(\mathbf{A}) = a_{11}\det(\mathbf{A}_{11}) - a_{12}\det(\mathbf{A}_{12}) + \cdots + (-1)^{1+n} a_{1n}\det(\mathbf{A}_{1n}) = \sum_{j=1}^{n}(-1)^{1+j} a_{1j}\det(\mathbf{A}_{1j}) \quad \text{(式4.9)}$$

これは第1行に関するラプラス展開（Laplace expansion）、余因子展開（cofactor expansion）と呼ばれる展開方法です。ラプラス展開は第1行だけでなく、任意の行または列に沿って行えます。第i行に関して展開した場合の式は（式4.10）のようになります。

$$\det(\mathbf{A}) = \sum_{j=1}^{n}(-1)^{i+j} a_{ij}\det(\mathbf{A}_{ij}) \quad \text{(式4.10)}$$

また、第j列に関して展開すると（式4.11）で表されます。

$$\det(\mathbf{A}) = \sum_{i=1}^{n}(-1)^{i+j} a_{ij}\det(\mathbf{A}_{ij}) \quad \text{(式4.11)}$$

具体例として、（式4.12）の行列の行列式を計算してみます。

$$\begin{bmatrix} 3 & -1 & 2 \\ 2 & 0 & 4 \\ 3 & -5 & -7 \end{bmatrix} \quad \text{(式4.12)}$$

第1行に関してラプラス展開すると（式4.13）のように行列式が求まります。

$$\begin{vmatrix} 3 & -1 & 2 \\ 2 & 0 & 4 \\ 3 & -5 & -7 \end{vmatrix} = 3\begin{vmatrix} 0 & 4 \\ -5 & -7 \end{vmatrix} - (-1)\begin{vmatrix} 2 & 4 \\ 3 & -7 \end{vmatrix} + 2\begin{vmatrix} 2 & 0 \\ 3 & -5 \end{vmatrix} = 3(20) - (-1)(-26) + 2(-10) = 14 \quad \text{(式4.13)}$$

SymPyを用いると小行列とその行列式を求められます。リスト4.1では**minorMatrix**メソッドによって小行列を求めています。

リスト4.1 **minorMatrix**メソッドによる小行列の確認

In
```
import sympy as sy
sy.init_printing()
```

```
A = sy.Matrix([[3, -1, 2],
               [2, 0, 4],
               [3, -5, -7]])

for i in range(A.cols):
    print(A.minorMatrix(0, i))
```

Out

```
Matrix([[0, 4], [-5, -7]])
Matrix([[2, 4], [3, -7]])
Matrix([[2, 0], [3, -5]])
```

これらの行列式である小行列式は**minorEntry**メソッドによって求められます（リスト4.2）。

リスト4.2 **minorEntry**メソッドによる小行列式の確認

In

```
for i in range(A.cols):
    print(A.minorEntry(0, i))
```

Out

```
20
-26
-10
```

なお、SymPyでは行列式を求める**det**メソッドが用意されているので、これを使って簡単に行列式を求められます（リスト4.3）。

リスト4.3 SymPyにおける行列式の計算

In

```
A.det()
```

Out

```
14
```

NumPyを使って行列式を求める場合はSciPyやNumPyの**linalg.det**関数を使います（リスト4.4）。

リスト4.4 NumPyにおける行列式の計算

In
```
import numpy as np
from scipy import linalg as sla

A = np.array(A).astype(np.float64)

sla.det(A)
```

Out
```
14.0
```

行列が特殊な場合には小行列式の計算が簡単になります。(式4.14) のようにある行が全て0であった場合を考えます。

$$\begin{bmatrix} a_{11} & a_{12} & \cdots & a_{1n} \\ a_{21} & a_{22} & \cdots & a_{2n} \\ \vdots & \vdots & \ddots & \vdots \\ 0 & 0 & \cdots & 0 \\ a_{n1} & a_{n2} & \cdots & a_{nn} \end{bmatrix} \tag{式4.14}$$

これを第1行に関してラプラス展開すると、各項の小行列にも0だけの行が含まれます。より小さな行列になるまで展開を進めると、全ての小行列は0だけの行を含む2×2行列になります。よって、このような行列の行列式は0であるとわかります。例えば、(式4.15) の3×3行列の行列式は0です。

$$\begin{aligned} \begin{vmatrix} 9 & 1 & 5 \\ 0 & 0 & 0 \\ -2 & -6 & 3 \end{vmatrix} &= 9 \begin{vmatrix} 0 & 0 \\ -6 & 3 \end{vmatrix} - 1 \begin{vmatrix} 0 & 0 \\ -2 & 3 \end{vmatrix} + 5 \begin{vmatrix} 0 & 0 \\ -2 & -6 \end{vmatrix} \\ &= 9\,(0) - 1\,(0) + 5\,(0) \\ &= 0 \end{aligned} \tag{式4.15}$$

行列式が0であることはリスト4.5のように確認できます。

リスト4.5 行列式が0であることの確認

In
```
A = np.array([[9, 1, 5],
              [0, 0, 0],
              [-2, -6, 3]])
```

```
sla.det(A)
```

Out

```
0.0
```

4.2 行列式の性質

ここでは行列式が持つ性質について解説します。

4-2-1 基本的な性質

下三角行列は簡単に行列式を計算できる行列の一つです。(式4.16) は$n \times n$の下三角行列です。

$$\begin{bmatrix} a_{11} & 0 & \cdots & 0 \\ a_{21} & a_{22} & \cdots & 0 \\ \vdots & \vdots & \ddots & \vdots \\ a_{n1} & a_{n2} & \cdots & a_{nn} \end{bmatrix} \quad \text{(式4.16)}$$

この行列の行列式は対角成分の積$a_{11}a_{22}\ldots a_{nn}$になります。これはラプラス展開の流れを観察することでわかります。下三角行列を第1行に関してラプラス展開すると (式4.17) のようになります。

$$\begin{aligned} \begin{vmatrix} a_{11} & 0 & \cdots & 0 \\ a_{21} & a_{22} & \cdots & 0 \\ \vdots & \vdots & \ddots & \vdots \\ a_{n1} & a_{n2} & \cdots & a_{nn} \end{vmatrix} &= a_{11} \begin{vmatrix} a_{22} & 0 & \cdots & 0 \\ a_{32} & a_{33} & \cdots & 0 \\ \vdots & \vdots & \ddots & \vdots \\ a_{n2} & a_{n3} & \cdots & a_{nn} \end{vmatrix} \\ &= a_{11}a_{22} \begin{vmatrix} a_{33} & 0 & \cdots & 0 \\ a_{43} & a_{44} & \cdots & 0 \\ \vdots & \vdots & \ddots & \vdots \\ a_{n3} & a_{n4} & \cdots & a_{nn} \end{vmatrix} \\ &= \cdots \end{aligned} \quad \text{(式4.17)}$$

このように展開を繰り返すことにより、行列式は$a_{11}a_{22}\ldots a_{nn}$と求まります。同様の方法で上三角行列や対角行列の行列式も対角成分の積になることがわかります。

$n \times n$行列$\mathbf{A}$と任意のスカラーをcとして、$\det(c\mathbf{A})$には（式4.18）に示す性質があります。

$$\det(c\mathbf{A}) = c^n \det(\mathbf{A}) \qquad \text{(式4.18)}$$

この定理は幾何学的に解釈するとわかりやすいと思います。$n \times n$行列の行列式はn次元の体積とみなせるので、行列をc倍に拡大すると得られる体積がc^n倍になります。図4.3は2×2の行列$\mathbf{A}$に対して、$c = 2$であったときに平行四辺形の面積が$2^2 = 4$倍になっていることを表しています。

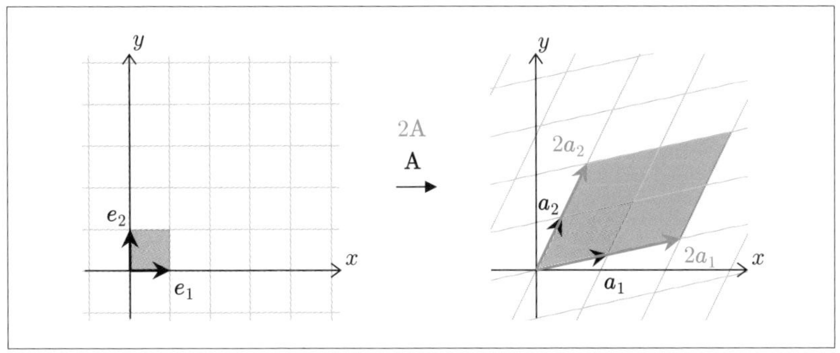

図4.3 2×2行列$\mathbf{A}$と比べて$2\mathbf{A}$の行列式（平行四辺形の面積）は$2^2 = 4$倍

単位行列$\mathbf{I}$は$\mathbb{R}^n$を拡大も縮小もしないので、$\mathbf{I}$の行列式は1です。

$$\det(\mathbf{I}) = 1 \qquad \text{(式4.19)}$$

特に、cをスカラーとして行列が$c\mathbf{I}$の場合、（式4.18）と（式4.19）から（式4.20）の関係がわかります。これは対角行列の行列式が対角成分の積となることと一致します。

$$\det(c\mathbf{I}) = c^n \qquad \text{(式4.20)}$$

通常、$\det(\mathbf{A}+\mathbf{B})$は$\det(\mathbf{A}) + \det(\mathbf{B})$と等しくありません。しかし、$n \times n$行列の$\mathbf{A}$と$\mathbf{B}$の1行だけが異なる場合には、$\det(\mathbf{A}+\mathbf{B}) = \det(\mathbf{A}) + \det(\mathbf{B})$が成り立ちます。例として、$\mathbf{A}$と$\mathbf{B}$の第$i$行だけが異なるとします。つまり、$\mathbf{A}$と$\mathbf{B}$は（式4.21）と（式4.22）で表される行列です。

$$
\mathbf{A} = \begin{bmatrix} a_{11} & a_{12} & \cdots & a_{1n} \\ \vdots & \vdots & \cdots & \vdots \\ a_{i1} & a_{i2} & \cdots & a_{in} \\ \vdots & \vdots & \cdots & \vdots \\ a_{n1} & a_{n2} & \cdots & a_{1n} \end{bmatrix} \quad \text{(式4.21)}
$$

$$
\mathbf{B} = \begin{bmatrix} a_{11} & a_{12} & \cdots & a_{1n} \\ \vdots & \vdots & \cdots & \vdots \\ b_{i1} & b_{i2} & \cdots & b_{in} \\ \vdots & \vdots & \cdots & \vdots \\ a_{n1} & a_{n2} & \cdots & a_{1n} \end{bmatrix} \quad \text{(式4.22)}
$$

$\mathbf{A}+\mathbf{B}$の行列を第i行に関してラプラス展開すると（式4.23）が成り立つことがわかります。

$$
\begin{aligned}
\det(\mathbf{A}+\mathbf{B}) &= \begin{vmatrix} a_{11} & a_{12} & \cdots & a_{1n} \\ \vdots & \vdots & \cdots & \vdots \\ a_{i1}+b_{i1} & a_{i2}+b_{i2} & \cdots & a_{in}+b_{in} \\ \vdots & \vdots & \cdots & \vdots \\ a_{n1} & a_{n2} & \cdots & a_{1n} \end{vmatrix} \\
&= \sum_{k=1}^{n} (-1)^{i+k} (a_{ik}+b_{ik}) \det(\mathbf{A}_{ik}) \\
&= \sum_{k=1}^{n} (-1)^{i+k} a_{ik} \det(\mathbf{A}_{ik}) \\
&\quad + \sum_{k=1}^{n} (-1)^{i+k} b_{ik} \det(\mathbf{A}_{ik}) \\
&= \det(\mathbf{A}) + \det(\mathbf{B}) \qquad \text{(式4.23)}
\end{aligned}
$$

$n \times n$行列$\mathbf{A}$は$\det(\mathbf{A})$の値だけ空間を拡大し、同様に$n \times n$行列$\mathbf{B}$は$\det(\mathbf{B})$の値だけ空間を拡大します。また、行列の積$\mathbf{AB}$は$\mathbf{B}$と$\mathbf{A}$の線形変換を連続で行うものです。このことから、行列の積の行列式に（式4.24）の性質があることがわかります。

$$
\det(\mathbf{AB}) = \det(\mathbf{A})\det(\mathbf{B}) \quad \text{(式4.24)}
$$

例として（式4.25）の二つの行列があるとします。

$$\mathbf{A} = \begin{bmatrix} 1 & 3 & 2 \\ 0 & 2 & 1 \\ 0 & 0 & 5 \end{bmatrix}, \quad \mathbf{B} = \begin{bmatrix} -2 & 0 & 0 \\ 5 & 3 & 0 \\ 1 & 6 & 1 \end{bmatrix} \qquad \text{(式4.25)}$$

Pythonを使ってこれらの行列について（式4.24）が成り立つことを確認してみます。（式4.25）の行列はそれぞれ三角行列なので、（式4.26）と（式4.27）のように行列式は対角成分の積として簡単に計算できます。

$$\det(\mathbf{A}) = 1 \times 2 \times 5 = 10 \qquad \text{(式4.26)}$$

$$\det(\mathbf{B}) = -2 \times 3 \times 1 = -6 \qquad \text{(式4.27)}$$

（式4.24）の性質から、行列$\mathbf{AB}$の行列式は（式4.28）のように求まります。

$$\det(\mathbf{AB}) = \det(\mathbf{A})\det(\mathbf{B}) = 10 \times (-6) = -60 \qquad \text{(式4.28)}$$

リスト4.6ではNumPyで$\mathbf{A}$と$\mathbf{B}$の行列を定義し、$\det(\mathbf{A})\det(\mathbf{B})$を求めています。

リスト4.6 $\det(\mathbf{A})\det(\mathbf{B})$の計算

In

```
A = np.array([[1, 3, 2],
              [0, 2, 1],
              [0, 0, 5]])
B = np.array([[-2, 0, 0],
              [5, 3, 0],
              [1, 6, 1]])

sla.det(A) * sla.det(B)
```

Out

```
−60.0
```

この結果が$\det(\mathbf{AB})$と一致することをリスト4.7で確認できます。浮動小数点数の計算には丸め誤差があるので、数値が一致するか判定するには**allclose**関数などを使います。

リスト4.7 $\det(\mathbf{AB}) = \det(\mathbf{A})\det(\mathbf{B})$であることの確認

In
```
np.allclose(sla.det(A @ B), sla.det(A) * sla.det(B))
```

Out
```
True
```

$n \times n$行列$\mathbf{A}$が可逆であれば、（式4.19）と（式4.24）の性質から（式4.29）がわかります。

$$\det(\mathbf{A})\det\left(\mathbf{A}^{-1}\right) = \det\left(\mathbf{A}\mathbf{A}^{-1}\right) = \det(\mathbf{I}) = 1 \qquad \text{(式4.29)}$$

この式から$\det(\mathbf{A}) \neq 0$と$\det\left(\mathbf{A}^{-1}\right) = 1/\det(\mathbf{A})$であることがわかります。これは幾何学的に考えても理にかなっています。もしも$\mathbf{A}$が空間を$\det(\mathbf{A})$の倍に拡大したら、$\det\left(\mathbf{A}^{-1}\right)$はそれと同じだけ空間を縮小しなければならないからです。$\mathbf{A}$が可逆ではない場合は、$\mathbf{A}$によって空間は潰されてしまいます。図4.4を例にすると、単位正方形が1次元の直線に潰されて面積が0になっています。つまり、$\mathbf{A}$が可逆行列ではないときは$\det(\mathbf{A}) = 0$となります。

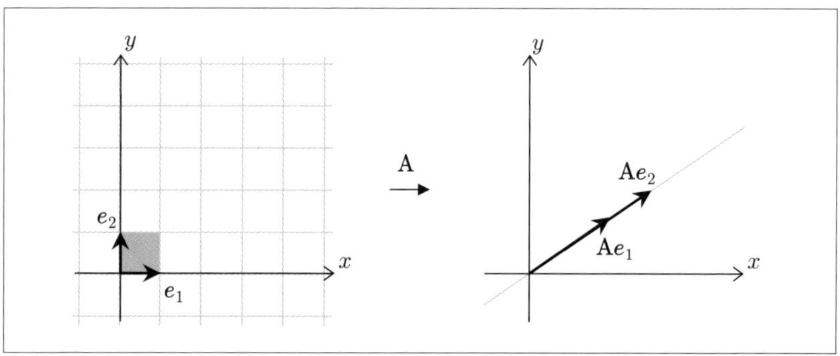

図4.4 $\mathbb{R}^2$の空間が$\mathbb{R}^1$の空間になったので行列式（平行四辺形の面積）は0

最後に転置行列$\mathbf{A}^\top$に関する行列式の性質を紹介します。$\det(\mathbf{A})$の第i行での展開は、$\det\left(\mathbf{A}^\top\right)$の第$i$列での展開と同じことなので（式4.30）が成立します。

$$\det\left(\mathbf{A}^\top\right) = \det(\mathbf{A}) \qquad \text{(式4.30)}$$

Pythonで計算してみてもこの性質が正しいことがわかります（リスト4.8）。

リスト4.8 $\det\left(\mathbf{A}^{\top}\right)=\det\left(\mathbf{A}\right)$であることの確認

In
```
np.array([[1, 2, 3],
          [4, 5, 6],
          [7, 8, 9]])

np.allclose(sla.det(A.T), sla.det(A))
```

Out
```
True
```

4-2-2 行基本変形と行列式

ここでは行基本変形によって行列式がどのように変化するかを説明します。$n \times n$行列$\mathbf{A}$の第i行の成分全てにスカラーcを掛けたものを$\mathbf{B}$とします。つまり、$k=1,2,\ldots,n$として$b_{ik}=ca_{ik}$であるとします。第i行を除く成分は同じ値なので、小行列については$\mathbf{A}_{ik}=\mathbf{B}_{ik}$の関係が成り立ちます。そして、$\mathbf{B}$の第$i$行に関するラプラス展開から（式4.31）の関係がわかります。

$$\begin{aligned}\det\left(\mathbf{B}\right)&=\sum_{k=1}^{n}\left(-1\right)^{i+k}\left(b_{ik}\right)\det\left(\mathbf{B}_{ik}\right)\\&=\sum_{k=1}^{n}\left(-1\right)^{i+k}ca_{ik}\det\left(\mathbf{A}_{ik}\right)\\&=c\sum_{k=1}^{n}\left(-1\right)^{i+k}a_{ik}\det\left(\mathbf{A}_{ik}\right)\\&=c\det\left(\mathbf{A}\right)\end{aligned} \tag{式4.31}$$

このように、行列のある行だけがc倍されると行列式はc倍になります。この性質から行列のn行全てがc倍されれば行列式はc^n倍になることもわかります。これは（式4.18）の証明になっています。

次に、ある行から別の行のスカラー倍を引いた場合、行列式は変化しないことを示します。第i行から第j行のc倍を引いた行列の行列式は（式4.32）のようになります。

$$
\begin{vmatrix}
a_{11} & a_{12} & \cdots & a_{1n} \\
\vdots & \vdots & \cdots & \vdots \\
a_{i1} - ca_{j1} & a_{i2} - ca_{j2} & \cdots & a_{in} - ca_{jn} \\
\vdots & \vdots & \cdots & \vdots \\
a_{n1} & a_{n2} & \cdots & a_{1n}
\end{vmatrix}
$$

$$
\begin{aligned}
&= \begin{vmatrix}
a_{11} & a_{12} & \cdots & a_{1n} \\
\vdots & \vdots & \cdots & \vdots \\
a_{i1} & a_{i2} & \cdots & a_{in} \\
\vdots & \vdots & \cdots & \vdots \\
a_{n1} & a_{n2} & \cdots & a_{1n}
\end{vmatrix}
+
\begin{vmatrix}
a_{11} & a_{12} & \cdots & a_{1n} \\
\vdots & \vdots & \cdots & \vdots \\
-ca_{j1} & -ca_{j2} & \cdots & -ca_{jn} \\
\vdots & \vdots & \cdots & \vdots \\
a_{n1} & a_{n2} & \cdots & a_{1n}
\end{vmatrix} \\
&= \det(\mathbf{A}) - c
\begin{vmatrix}
a_{11} & a_{12} & \cdots & a_{1n} \\
\vdots & \vdots & \cdots & \vdots \\
a_{j1} & a_{j2} & \cdots & a_{jn} \\
\vdots & \vdots & \cdots & \vdots \\
a_{n1} & a_{n2} & \cdots & a_{1n}
\end{vmatrix} \\
&= \det(\mathbf{A}) - c \cdot 0 \\
&= \det(\mathbf{A})
\end{aligned}
\qquad \text{(式4.32)}
$$

最後は小行列の第i行と第j行が等しいので行列式が0になることを利用しています。

この性質より、二つの行を交換すると行列式の符号が反転することがわかります。$n \times n$行列$\mathbf{A}$の行をベクトル$\boldsymbol{a}_k$で表します。そして、行列$\mathbf{A}$の行を（式4.33）のように順番に変形していきます。

$$
\begin{aligned}
\mathbf{R}_i &\to \mathbf{R}_i + \mathbf{R}_j \\
\mathbf{R}_j &\to \mathbf{R}_j - \mathbf{R}_i \\
\mathbf{R}_i &\to \mathbf{R}_i + \mathbf{R}_j
\end{aligned}
\qquad \text{(式4.33)}
$$

これらの変形はある行から別の行のスカラー倍を引いているだけなので、（式4.34）のように$\mathbf{A}$の行列式は変化しません。

4

行列式

$$\begin{vmatrix} \boldsymbol{a}_1 \\ \vdots \\ \boldsymbol{a}_i \\ \vdots \\ \boldsymbol{a}_j \\ \vdots \\ \boldsymbol{a}_n \end{vmatrix} = \begin{vmatrix} \boldsymbol{a}_1 \\ \vdots \\ \boldsymbol{a}_i + \boldsymbol{a}_j \\ \vdots \\ \boldsymbol{a}_j \\ \vdots \\ \boldsymbol{a}_n \end{vmatrix} = \begin{vmatrix} \boldsymbol{a}_1 \\ \vdots \\ \boldsymbol{a}_i + \boldsymbol{a}_j \\ \vdots \\ -\boldsymbol{a}_i \\ \vdots \\ \boldsymbol{a}_n \end{vmatrix} = \begin{vmatrix} \boldsymbol{a}_1 \\ \vdots \\ \boldsymbol{a}_j \\ \vdots \\ -\boldsymbol{a}_i \\ \vdots \\ \boldsymbol{a}_n \end{vmatrix} \quad \text{(式4.34)}$$

（式4.34）を観察してみると、行列$\mathbf{A}$の第j行を-1倍すれば、それは第i行と第j行を交換したことと同じだとわかります。つまり、行の交換では行列式は-1倍になります。

さて、$n \times n$行列$\mathbf{A}$の中で二つの行が等しければ$\det(\mathbf{A}) = 0$であることを解説します。等しい二つの行を入れ替えたとします。この操作をしても当然$\mathbf{A}$に変化はありません。しかし、行を入れ替えたので行列式は-1倍になるはずです。つまり、$\det(\mathbf{A}) = -\det(\mathbf{A})$が成立しないといけないので、行列の二つの行が等しい場合では$\det(\mathbf{A}) = 0$であるとわかります。

行基本変形によってどのように行列式が変化するかを理解したので、行列式を求めやすいように行列に変形することを考えましょう。行列を行基本変形で上三角行列に変形すれば、その対角成分の積として行列式を計算できます。例として（式4.35）の行列式を求めてみます。

$$\begin{vmatrix} 6 & 5 & 7 \\ 2 & 0 & 1 \\ 1 & 4 & 3 \end{vmatrix} \quad \text{(式4.35)}$$

（式4.36）では第1行と第3行を交換しているので行列式の符号が反転しています。

$$\begin{vmatrix} 6 & 5 & 7 \\ 2 & 0 & 1 \\ 1 & 4 & 3 \end{vmatrix} = -\begin{vmatrix} 1 & 4 & 3 \\ 2 & 0 & 1 \\ 6 & 5 & 7 \end{vmatrix} \quad \text{(式4.36)}$$

ある行から別の行のスカラー倍を引く操作を繰り返して上三角行列に変形し、対角成分の積を計算することで行列式が求まります。

$$
\begin{aligned}
-\begin{vmatrix} 1 & 4 & 3 \\ 2 & 0 & 1 \\ 6 & 5 & 7 \end{vmatrix} &= -\begin{vmatrix} 1 & 4 & 3 \\ 0 & -8 & -5 \\ 0 & 0 & \frac{7}{8} \end{vmatrix} \\
&= -(1)(-8)\left(\frac{7}{8}\right) \\
&= 7
\end{aligned}
\tag{式4.37}
$$

結局のところ行基本変形によって$\mathbf{A}$から$\mathbf{B}$を得た場合、スカラー$c \neq 0$として行列式には（式4.38）の関係があります。

$$
\det(\mathbf{A}) = c \det(\mathbf{B}) \tag{式4.38}
$$

このことから$\det(\mathbf{A}) = 0$と$\det(\mathbf{B}) = 0$が同値であることもわかります。

$\mathbf{A}$が可逆であれば行基本変形によって行簡約階段形は$\mathbf{B} = \mathbf{I}$となるので、$\det(\mathbf{A}) = c \det(\mathbf{I}) = c \neq 0$が成り立ちます。逆に、（式4.29）から$\det(\mathbf{A}) \neq 0$であれば$\mathbf{A}^{-1}$が存在するので$\mathbf{A}$は可逆です。よって、$\det(\mathbf{A}) \neq 0$である場合に$\mathbf{A}$は可逆です。これは$\det(\mathbf{A}) = 0$である場合に$\mathbf{A}$は可逆でないことでもあります。また、斉次系$\mathbf{A}\boldsymbol{x} = 0$においては$\det(\mathbf{A}) = 0$である場合においてのみ非自明解が存在します。なぜなら$\mathbf{A}\boldsymbol{x} = 0$が非自明解を持つのは$\mathbf{A}$が可逆ではない場合だからです。

4-2-3 余因子行列

行列式を用いて作られる有用な行列があります。まず、$n \times n$行列$\mathbf{A}$について、小行列式$\det(\mathbf{A}_{ij})$を用いて$\mathbf{A}$の(i, j)余因子（cofactor）を（式4.39）のように定義します。

$$
\Delta_{ij}(\mathbf{A}) = (-1)^{i+j} \det(\mathbf{A}_{ij}) \tag{式4.39}
$$

なお、$\Delta_{ij}(\mathbf{A})$は曖昧でなければΔ_{ij}と略記します。そして、（式4.40）の定義の$\mathrm{adj}(\mathbf{A})$を$n \times n$行列$\mathbf{A}$の随伴行列（adjugate matrix）あるいは古典的随伴行列（classical adjoint matrix）と呼びます。

$$
\mathrm{adj}(\mathbf{A}) = \begin{bmatrix} \Delta_{11} & \Delta_{21} & \cdots & \Delta_{n1} \\ \Delta_{12} & \Delta_{22} & \cdots & \Delta_{n2} \\ \vdots & \vdots & \ddots & \vdots \\ \Delta_{1n} & \Delta_{2n} & \cdots & \Delta_{nn} \end{bmatrix} \tag{式4.40}
$$

この行列の転置$(\mathrm{adj}\,(\mathbf{A}))^{\mathsf{T}}$を余因子行列（cofactor matrix）と呼びます。しかし日本語では、成分が複素数である行列の転置である共役転置行列のことを随伴行列（adjoint matrix）と呼びます。そのため、adjugate matrixの方を余因子行列と呼び、cofactor matrixは余因子行列の転置と呼ばれることが多いです。本書ではadjugate matrixを随伴行列、cofactor matrixを余因子行列と呼ぶことにしているので注意してください。

例として、（式4.41）の行列$\mathbf{A}$の随伴行列$\mathrm{adj}\,(\mathbf{A})$を計算してみます。

$$\mathbf{A} = \begin{bmatrix} 1 & 4 & 3 \\ 2 & 0 & 1 \\ 6 & 5 & 7 \end{bmatrix} \tag{式4.41}$$

（式4.40）の定義に従えば（式4.42）のように随伴行列が求められます。

$$\begin{aligned}
\mathrm{adj}\,(\mathbf{A}) &= \begin{bmatrix} \Delta_{11} & \Delta_{21} & \Delta_{31} \\ \Delta_{12} & \Delta_{22} & \Delta_{32} \\ \Delta_{13} & \Delta_{23} & \Delta_{33} \end{bmatrix} \\
&= \begin{bmatrix} \begin{vmatrix} 0 & 1 \\ 5 & 7 \end{vmatrix} & -\begin{vmatrix} 4 & 3 \\ 5 & 7 \end{vmatrix} & \begin{vmatrix} 4 & 3 \\ 0 & 1 \end{vmatrix} \\ -\begin{vmatrix} 2 & 1 \\ 6 & 7 \end{vmatrix} & \begin{vmatrix} 1 & 3 \\ 6 & 7 \end{vmatrix} & -\begin{vmatrix} 1 & 3 \\ 2 & 1 \end{vmatrix} \\ \begin{vmatrix} 2 & 0 \\ 6 & 5 \end{vmatrix} & -\begin{vmatrix} 1 & 4 \\ 6 & 5 \end{vmatrix} & \begin{vmatrix} 1 & 4 \\ 2 & 0 \end{vmatrix} \end{bmatrix} \\
&= \begin{bmatrix} -5 & -13 & 4 \\ -8 & -11 & 5 \\ 10 & 19 & -8 \end{bmatrix}
\end{aligned} \tag{式4.42}$$

SymPyには余因子を計算する**cofactor**メソッドや、随伴行列を計算する**adjugate**メソッドが用意されています。リスト4.9では例題の随伴行列を求めています。

リスト4.9 **adjugate**メソッドによる随伴行列の計算

In

```
A = sy.Matrix([[1, 4, 3],
               [2, 0, 1],
               [6, 5, 7]])


A.adjugate()
```

Out

$$\begin{bmatrix} -5 & -13 & 4 \\ -8 & -11 & 5 \\ 10 & 19 & -8 \end{bmatrix}$$

また、余因子行列は**cofactorMatrix**メソッドで計算できます。リスト4.10で余因子行列を求めると、随伴行列の転置であることが確認できます。

リスト4.10 **cofactorMatrix**メソッドによる余因子行列の計算

In

```
A.cofactorMatrix()
```

Out

$$\begin{bmatrix} -5 & -8 & 10 \\ -13 & -11 & 19 \\ 4 & 5 & -8 \end{bmatrix}$$

（式4.41）の$\mathbf{A}$とその随伴行列$\mathrm{adj}\,(\mathbf{A})$の積は（式4.43）のようになります。

$$\begin{aligned} \mathbf{A}\mathrm{adj}\,(\mathbf{A}) &= \begin{bmatrix} 1 & 4 & 3 \\ 2 & 0 & 1 \\ 6 & 5 & 7 \end{bmatrix} \begin{bmatrix} -5 & -13 & 4 \\ -8 & -11 & 5 \\ 10 & 19 & -8 \end{bmatrix} \\ &= \begin{bmatrix} -7 & 0 & 0 \\ 0 & -7 & 0 \\ 0 & 0 & -7 \end{bmatrix} \\ &= -7\mathbf{I} \end{aligned} \quad \text{（式4.43）}$$

これはリスト4.11を実行すると確認できます。

リスト4.11 行列$\mathbf{A}$とその随伴行列$\mathrm{adj}\,(\mathbf{A})$の積

In

```
A * A.adjugate()
```

Out

$$\begin{bmatrix} -7 & 0 & 0 \\ 0 & -7 & 0 \\ 0 & 0 & -7 \end{bmatrix}$$

また、$\mathbf{A}$の行列式は（式4.44）のように求まります。

$$\begin{aligned}\det(\mathbf{A}) &= \begin{vmatrix}0 & 1\\5 & 7\end{vmatrix} - 4\begin{vmatrix}2 & 1\\6 & 7\end{vmatrix} + 3\begin{vmatrix}2 & 0\\6 & 5\end{vmatrix}\\ &= -5 - 32 + 30\\ &= -7\end{aligned} \quad \text{(式4.44)}$$

証明は省略しますが、この例が示すように行列$\mathbf{A}$とその随伴行列の積は対角成分が$\det(\mathbf{A})$である対角行列となります。

$$\mathbf{A}\mathrm{adj}(\mathbf{A}) = \det(\mathbf{A})\mathbf{I} \quad \text{(式4.45)}$$

（式4.45）の性質から、逆行列を計算する（式4.46）を導出できます。

$$\mathbf{A}^{-1} = \frac{1}{\det(\mathbf{A})}\mathrm{adj}(\mathbf{A}) \quad \text{(式4.46)}$$

よって、この例では$\mathbf{A}$の逆行列は（式4.47）と求められます。

$$\mathbf{A}^{-1} = -\frac{1}{7}\begin{bmatrix}-5 & -13 & 4\\-8 & -11 & 5\\10 & 19 & -8\end{bmatrix} \quad \text{(式4.47)}$$

第5章 部分空間

$\mathbb{R}^n$の部分空間と呼ばれる部分集合は行列の特性について考える際に重要となる概念です。部分空間について学ぶことで、線形方程式系の係数行列と解の関係をより深く理解することができます。

5.1 部分空間

本節では部分空間の定義と幾何学的な解釈を説明します。また、ベクトルの集合の線形独立・従属という概念を導入し、それらを判定する方法を紹介します。

5-1-1 部分空間

以下の三つの条件を満たす$\mathbb{R}^n$の部分集合Sを$\mathbb{R}^n$の部分空間（subspace）と呼びます。

1. ゼロベクトルがSに属する: $\mathbf{0} \in S$
2. Sはベクトルの和が閉じている: $\boldsymbol{u} \in S$と$\boldsymbol{v} \in S$について$\boldsymbol{u} + \boldsymbol{v} \in S$
3. Sはスカラー倍が閉じている: $\boldsymbol{u} \in S$と$k \in \mathbb{R}$について$k\boldsymbol{u} \in S$

これらの条件は、部分集合Sの要素の線形結合は全て部分集合Sに属する、ということを表しています。

部分空間は幾何学的には原点を通る直線や平面を一般化したものとみなせます。いくつか部分空間の例を見てみましょう。図5.1は$\mathbb{R}^2$において原点を通る直線$L1$を描いたものです。$L1$上の任意の2点（ベクトル）を取って足してみると、その結果の点も$L1$上に存在します。また、$L1$上の任意の1点をスカラー倍すると、その結果も$L1$上にあります。よって、この直線$L1$は部分空間の三つの性質を全て満たすので、$\mathbb{R}^2$の部分空間となるわけです。一般に$\mathbb{R}^n$の原点を通る直線は$\mathbb{R}^n$の部分空間となります。

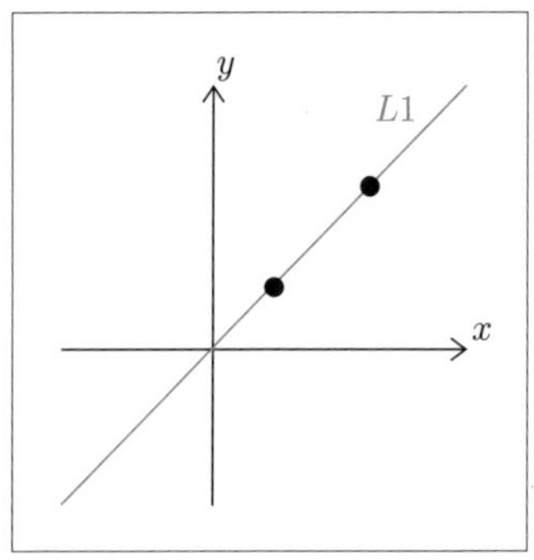

図5.1 原点を通る直線$L1$

図5.2のような原点を通らない直線$L2$は部分空間ではありません。これは$L2$の集合がゼロベクトルを含まないからです。それでは$L2$の要素にゼロベクトルを加えれば部分空間になるのでしょうか。この場合でも$L2$上のベクトル$\boldsymbol{x}$をスカラー倍した$c\boldsymbol{x}$は$L2$上に存在しません。よって、$L2$にゼロベクトルが含まれたとしても$L2$は部分空間ではありません。

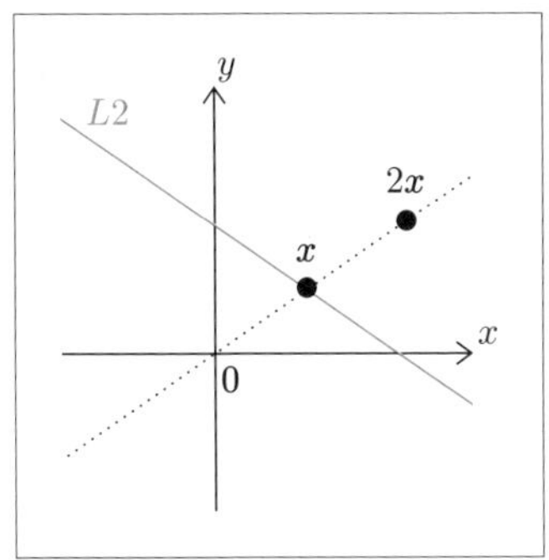

図5.2 原点を通らない直線$L2$

原点だけ、つまりゼロベクトルだけの集合$\{\mathbf{0}\}$は$\mathbb{R}^n$の部分空間です。なぜならゼロベクトル同士の和、およびゼロベクトルのスカラー倍もゼロベクトルになるからです。また、ベクトル空間$\mathbb{R}^n$全体もゼロベクトルを含み、和とスカラー倍が明らかに閉じているので、$\mathbb{R}^n$の部分空間です。

復習になりますが、ベクトルは線形結合によって新しいベクトルを生成することができます。一般にベクトル$\boldsymbol{x}_1, \boldsymbol{x}_2, \ldots, \boldsymbol{x}_m \in \mathbb{R}^n$およびスカラー$c_1, c_2, \ldots, c_m \in \mathbb{R}$を用いてベクトルの線形結合は（式5.1）のように表せます。

$$c_1\boldsymbol{x}_1 + c_2\boldsymbol{x}_2 + \cdots + c_m\boldsymbol{x}_m \tag{式5.1}$$

この線形結合全てからなる集合は$\mathbb{R}^n$の部分空間です。これは$\{\boldsymbol{x}_1, \boldsymbol{x}_2, \ldots, \boldsymbol{x}_m\}$が張る部分空間（linear span）や線形包（linear hull）、あるいは単にスパン（span）と呼ばれ、（式5.2）のように表記されます。

$$\mathrm{span}\,(\boldsymbol{x}_1, \boldsymbol{x}_2, \ldots, \boldsymbol{x}_m) \tag{式5.2}$$

（式5.2）が部分空間の性質を持つことを確認しましょう。（式5.3）が示すように係数が全て0であれば、線形結合はゼロベクトルになります。

$$\mathbf{0} = 0\boldsymbol{x}_1 + 0\boldsymbol{x}_2 + \cdots + 0\boldsymbol{x}_m \tag{式5.3}$$

よってゼロベクトルは部分空間に含まれます（式5.4）。

$$\mathbf{0} \in \mathrm{span}\left(\boldsymbol{x}_1, \boldsymbol{x}_2, \ldots, \boldsymbol{x}_m\right) \quad \text{(式5.4)}$$

次に、部分空間に属する任意のベクトル$\boldsymbol{u}, \boldsymbol{v} \in \mathrm{span}\left(\boldsymbol{x}_1 + \boldsymbol{x}_2 + \cdots + \boldsymbol{x}_m\right)$を（式5.5）で表すとします。

$$\begin{aligned}\boldsymbol{u} &= c_1\boldsymbol{x}_1 + c_2\boldsymbol{x}_2 + \cdots + c_m\boldsymbol{x}_m \\ \boldsymbol{v} &= d_1\boldsymbol{x}_1 + d_2\boldsymbol{x}_2 + \cdots + d_m\boldsymbol{x}_m\end{aligned} \quad \text{(式5.5)}$$

この二つのベクトルの和は（式5.6）になります。

$$\begin{aligned}\boldsymbol{u} + \boldsymbol{v} &= \left(c_1\boldsymbol{x}_1 + c_2\boldsymbol{x}_2 + \cdots + c_m\boldsymbol{x}_m\right) \\ &\quad + \left(d_1\boldsymbol{x}_1 + d_2\boldsymbol{x}_2 + \cdots + d_m\boldsymbol{x}_m\right) \\ &= \left(c_1 + d_1\right)\boldsymbol{x}_1 + \left(c_2 + d_2\right)\boldsymbol{x}_2 + \cdots + \left(c_m + d_m\right)\boldsymbol{x}_m\end{aligned} \quad \text{(式5.6)}$$

つまり、部分空間に属するベクトルの和が部分空間に含まれています。これは（式5.7）と表せます。

$$\boldsymbol{u} + \boldsymbol{v} \in \mathrm{span}\left(\boldsymbol{x}_1, \boldsymbol{x}_2, \ldots, \boldsymbol{x}_m\right) \quad \text{(式5.7)}$$

また、任意のスカラーkに対して（式5.8）が成り立ちます。

$$\begin{aligned}k\boldsymbol{u} &= k\left(c_1\boldsymbol{x}_1 + c_2\boldsymbol{x}_2 + \cdots + c_m\boldsymbol{x}_m\right) \\ &= \left(kc_1\right)\boldsymbol{x}_1 + \left(kc_2\right)\boldsymbol{x}_2 + \cdots + \left(kc_m\right)\boldsymbol{x}_m\end{aligned} \quad \text{(式5.8)}$$

部分空間に属するベクトルのスカラー倍も部分空間に含まれます。これを（式5.9）と表します。

$$k\boldsymbol{u} \in \mathrm{span}\left(\boldsymbol{x}_1, \boldsymbol{x}_2, \ldots, \boldsymbol{x}_m\right) \quad \text{(式5.9)}$$

以上のことから幾何学的に部分空間がどのようなものであるかを考察できます。部分空間はベクトル空間に属するベクトルの線形結合の集合なので、点（原点のみ）、原点を通る直線、原点を通る平面、原点を通るm次元の平面空間のいずれかになります。

m個のベクトルが張る部分空間は最大でm次元になりますが、それよりも小さくなることもあります。例えば、$\mathbb{R}^3$において（式5.10）の二つのベクトルを選ぶとします。

$$\boldsymbol{u} = \begin{bmatrix}1\\2\\3\end{bmatrix}, \quad \boldsymbol{v} = \begin{bmatrix}2\\-3\\-5\end{bmatrix} \quad \text{(式5.10)}$$

これらの線形結合は（式5.11）と表せます。

$$c_1\boldsymbol{u} + c_2\boldsymbol{v} \quad \text{(式5.11)}$$

この線形結合全てからなる部分空間は$\mathbb{R}^3$における原点を通る平面となります。リスト5.1はこの平面をPythonを使って可視化したものです。描かれた平面上にあるベクトルは全て$\boldsymbol{u}$と$\boldsymbol{v}$の線形結合によって表せます。

リスト5.1 $\mathbb{R}^3$において二つのベクトルが張る部分空間

In

```
import numpy as np
import matplotlib.pyplot as plt

# 格子行列
x = np.linspace(-5, 5)
y = np.linspace(-5, 5)
xx, yy = np.meshgrid(x, y)

# R^3 に属する二つのベクトル
u = np.array([1, 2, 3])
v = np.array([2, -3, -5])

# u と v が張る部分空間(平面)
p = np.cross(u, v)
z = (-p[0] * xx - p[1] * yy) / p[2]

# プロット
fig, ax = plt.subplots(subplot_kw=dict(projection='3d'))
ax.plot_surface(xx, yy, z, edgecolor='b', lw=0.5,
                rstride=10, cstride=10, alpha=0.3)

ax.set(xlabel=r'$x$', ylabel=r'$y$', zlabel=r'$z$')
ax.zaxis.labelpad = 0
```

Out

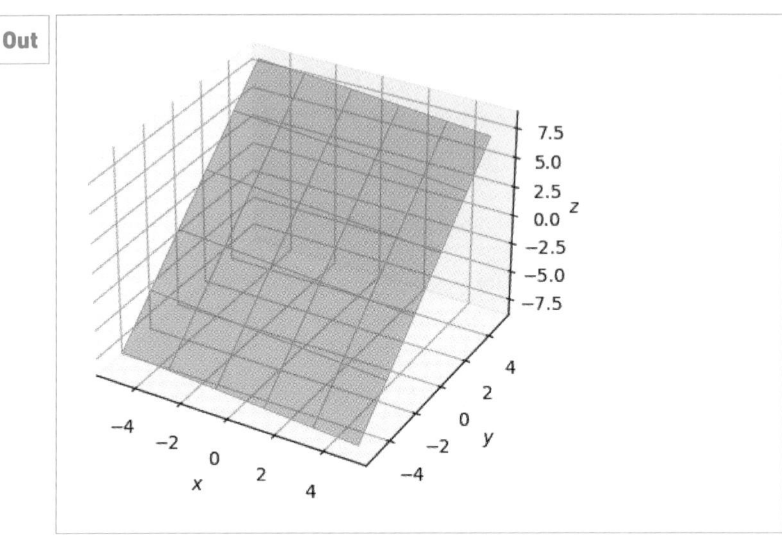

次に、$\mathbb{R}^3$の属するベクトルを(x, y, z)として、$x - 3y + 5z = 0$を満たす全てのベクトルからなる部分空間を求めてみます。関係式は$x = 3y - 5z$と変形できるので、(x, y, z)は行列形式で（式5.12）と表すことができます。

$$\begin{bmatrix} x \\ y \\ z \end{bmatrix} = \begin{bmatrix} 3y - 5z \\ y \\ z \end{bmatrix} = y \begin{bmatrix} 3 \\ 1 \\ 0 \end{bmatrix} + z \begin{bmatrix} -5 \\ 0 \\ 1 \end{bmatrix} \tag{式5.12}$$

この式から部分空間はベクトル$(3, 1, 0)$と$(-5, 0, 1)$によって張られることがわかります。（式5.12）の線形結合は$\mathbb{R}^3$に属する全てのベクトルを表せるわけではありません。例えば、c_1とc_2をスカラーとして、ベクトル$(1, 2, 3)$が（式5.13）のように$(3, 1, 0)$と$(-5, 0, 1)$の線形結合として表せるかを考えます。

$$c_1 \begin{bmatrix} 3 \\ 1 \\ 0 \end{bmatrix} + c_2 \begin{bmatrix} -5 \\ 0 \\ 1 \end{bmatrix} = \begin{bmatrix} 1 \\ 2 \\ 3 \end{bmatrix} \tag{式5.13}$$

これは（式5.14）の線形方程式系を表しています。

$$\begin{aligned} 3c_1 - 5c_2 &= 1 \\ c_1 &= 2 \\ c_2 &= 3 \end{aligned} \tag{式5.14}$$

しかし、第1番目の式が$3 \cdot 2 - 5 \cdot 3 \neq 1$となるので矛盾していることがわかります。この例のように、二つのベクトルだけでは$\mathbb{R}^3$を張ることはできません。一般に$\mathbb{R}^n$を張るにはn個のベクトルが必要です。

あるベクトルが部分空間に属するかを判定するには、そのベクトルが部分空間を張るベクトルの線形結合であるかを調べます。例えば、ベクトル$(1,2,3)$は$(4,5,6)$と$(7,8,9)$が張る部分空間に属するでしょうか。これは（式5.15）が成り立つ係数x_1, x_2が存在するかを調べるということです。

$$x_1 \begin{bmatrix} 4 \\ 5 \\ 6 \end{bmatrix} + x_2 \begin{bmatrix} 7 \\ 8 \\ 9 \end{bmatrix} = \begin{bmatrix} 1 \\ 2 \\ 3 \end{bmatrix} \qquad \text{（式5.15）}$$

（式5.15）は単なる線形方程式系です。この線形方程式系を拡大係数行列で表し、簡約化すると（式5.16）のようになります。

$$\left[\begin{array}{cc|c} 4 & 7 & 1 \\ 5 & 8 & 2 \\ 6 & 9 & 3 \end{array}\right] \to \left[\begin{array}{cc|c} 1 & 0 & 2 \\ 0 & 1 & -1 \\ 0 & 0 & 0 \end{array}\right] \qquad \text{（式5.16）}$$

この結果から解が$x_1 = 2$と$x_2 = -1$であることがわかります。解が存在するので$(1,2,3)$は二つのベクトルが張る部分空間に属しています。

（式5.16）の簡約行列を見ると、一番下の行は0だけになっています。これは二つのベクトルでは$\mathbb{R}^3$全体を張ることはできないことを表しています。$\mathbb{R}^3$の中にある二つのベクトルが張る部分空間は、せいぜい平面までなのです。

線形方程式系$\mathbf{A}\boldsymbol{x} = \boldsymbol{b}$は$\boldsymbol{b}$が$\mathbf{A}$の列の線形結合である場合に限り解を持ちます。これは$\boldsymbol{b}$が$\mathbf{A}$の列が張る部分空間に属する場合に限り解を持つということです。

5-1-2 線形従属、線形独立

$\mathbb{R}^2$のベクトル$\boldsymbol{u} = (1,0)$と$\boldsymbol{v} = (0,1)$は$\mathbb{R}^2$全体を張ります。この場合では部分空間を張るベクトルは二つで十分であり、三つになったとしても部分空間が大きくなることはありません。例えば$\boldsymbol{w} = (3,-2)$を加えて$\mathrm{span}\,(\boldsymbol{u}, \boldsymbol{v}, \boldsymbol{w})$を考えてみましょう。（式5.17）の拡大係数行列は左ブロックの列が$\boldsymbol{u}, \boldsymbol{v}, \boldsymbol{w}$であり、右側が任意のベクトル$\boldsymbol{b} = (b_1, b_2)$となっています。

$$\left[\begin{array}{ccc|c} 1 & 0 & 3 & b_1 \\ 0 & 1 & -2 & b_2 \end{array}\right] \qquad \text{（式5.17）}$$

この拡大係数行列は既に行簡約階段形になっています。変数をx_1, x_2, x_3とし、変数のベクトルを行列形式で表します。ピボットに注目すればx_1とx_2がピボット変数であり、x_3は自由変数であることがわかります。よって、(式5.18) が得られます。

$$\begin{bmatrix} x_1 \\ x_2 \\ x_3 \end{bmatrix} = \begin{bmatrix} b_1 \\ b_2 \\ 0 \end{bmatrix} + x_3 \begin{bmatrix} -3 \\ 2 \\ 1 \end{bmatrix} \quad \text{(式5.18)}$$

x_1, x_2, x_3は$\boldsymbol{b}$を表す$\boldsymbol{u}, \boldsymbol{v}, \boldsymbol{w}$の線形結合の係数です。$x_3 = 0$である場合、全ての$\boldsymbol{b}$は$x_1 = b_1$と$x_2 = b_2$を係数とする$\boldsymbol{u}$と$\boldsymbol{v}$の線形結合となります。例えば、$(7, 1)$は (式5.19) で表すことができます。

$$7 \begin{bmatrix} 1 \\ 0 \end{bmatrix} + 1 \begin{bmatrix} 0 \\ 1 \end{bmatrix} + 0 \begin{bmatrix} 3 \\ -2 \end{bmatrix} = \begin{bmatrix} 7 \\ 1 \end{bmatrix} \quad \text{(式5.19)}$$

$x_3 = 1$と選択した場合、$(7, 1)$を得るためのx_1, x_2は (式5.20) から求まります。

$$\begin{bmatrix} x_1 \\ x_2 \\ x_3 \end{bmatrix} = \begin{bmatrix} 7 \\ 1 \\ 0 \end{bmatrix} + 1 \begin{bmatrix} -3 \\ 2 \\ 1 \end{bmatrix} \quad \text{(式5.20)}$$

よって、$x_3 = 1$のときは$(7, 1)$を (式5.21) のような線形結合で表すことができます。

$$4 \begin{bmatrix} 1 \\ 0 \end{bmatrix} + 3 \begin{bmatrix} 0 \\ 1 \end{bmatrix} + 1 \begin{bmatrix} 3 \\ -2 \end{bmatrix} = \begin{bmatrix} 7 \\ 1 \end{bmatrix} \quad \text{(式5.21)}$$

以上のように、自由変数が存在する場合は任意のベクトル$\boldsymbol{b}$を表す線形結合は一意に定まりません。この例では部分空間を張るのに$\boldsymbol{w}$は不要だったということです。

ここで、ゼロベクトルを$\mathbb{R}^n$に属するベクトル$\boldsymbol{x}_1, \boldsymbol{x}_2, \ldots, \boldsymbol{x}_m$の線形結合を表した (式5.22) を考えます。

$$c_1\boldsymbol{x}_1 + c_2\boldsymbol{x}_2 + \cdots + c_m\boldsymbol{x}_n = \boldsymbol{0} \quad \text{(式5.22)}$$

この関係式が$c_1 = c_2 = \cdots = c_m = 0$でないと成立しない場合、ベクトルの集合は線形独立 (linearly independent)、一次独立であるといいます。それ以外でも成り立つ場合には線形従属 (linearly dependent)、一次従属であるといいます。(式5.22) は行列形式では (式5.23) のように表せます。

$$\begin{bmatrix} \boldsymbol{x}_1 & \boldsymbol{x}_2 & \cdots & \boldsymbol{x}_m \end{bmatrix} \begin{bmatrix} c_1 \\ c_2 \\ \vdots \\ c_m \end{bmatrix} = \boldsymbol{0} \tag{式5.23}$$

（式5.23）において$c_i \neq 0$であれば、ベクトル$\boldsymbol{x}_i$は残りのベクトルの線形結合として（式5.24）のように表せます。

$$\boldsymbol{x}_i = -\frac{1}{c_i}\left(c_1\boldsymbol{x}_1 + \cdots + c_{i-1}\boldsymbol{x}_{i-1} + c_{i+1}\boldsymbol{x}_{i+1} + \cdots + c_m\boldsymbol{x}_m\right) \tag{式5.24}$$

つまり、ベクトル$\boldsymbol{x}_i$は残りのベクトルに従属（依存）しています。$c_i = 0$であればベクトル$\boldsymbol{x}_i$は残りのベクトルの線形結合では表せないので独立しています。なお、この定義では全ての係数が0である必要はなく、その内のいくつかが0であればよいことに注意してください。係数のいくつかが0でない場合を非自明な線形結合と呼びます（全てが0であれば自明な線形結合と呼ばれます）。先程の$\boldsymbol{u}, \boldsymbol{v}, \boldsymbol{w}$の例では$\boldsymbol{w}$は$\boldsymbol{u}$と$\boldsymbol{v}$の線形結合、すなわち$\boldsymbol{w} = 3\boldsymbol{u} - 2\boldsymbol{v}$で表すことができます。これは$3\boldsymbol{u} - 2\boldsymbol{v} - \boldsymbol{w} = \boldsymbol{0}$と同値です。つまり、ゼロベクトルを生成する非自明な線形結合が存在することになります。

まとめると、あるベクトルの集合において少なくとも一つのベクトルが残りのベクトルの線形結合であることを、ベクトルの集合が線形従属であるといいます。そして、その線形結合であるベクトルをベクトルの集合から除外しても、ベクトルの集合が張る部分空間には影響を与えません。

$\mathbb{R}^3$に属する（式5.25）の三つのベクトルが線形独立であるか調べてみます。

$$\boldsymbol{x}_1 = \begin{bmatrix} 1 \\ 2 \\ 3 \end{bmatrix},\ \boldsymbol{x}_2 = \begin{bmatrix} -2 \\ 1 \\ -1 \end{bmatrix},\ \boldsymbol{x}_3 = \begin{bmatrix} -1 \\ 3 \\ 2 \end{bmatrix} \tag{式5.25}$$

これらの線形結合がゼロベクトルとなる（式5.26）を考えます。

$$c_1 \begin{bmatrix} 1 \\ 2 \\ 3 \end{bmatrix} + c_2 \begin{bmatrix} -2 \\ 1 \\ -1 \end{bmatrix} + c_3 \begin{bmatrix} -1 \\ 3 \\ 2 \end{bmatrix} = \begin{bmatrix} 0 \\ 0 \\ 0 \end{bmatrix} \tag{式5.26}$$

この斉次系を行列形式で表せば（式5.27）となります。

$$\begin{bmatrix} 1 & -2 & -1 \\ 2 & 1 & 3 \\ 3 & -1 & 2 \end{bmatrix} \begin{bmatrix} c_1 \\ c_2 \\ c_3 \end{bmatrix} = \boldsymbol{0} \tag{式5.27}$$

この係数行列は（式5.28）のように簡約化されます。

$$\begin{bmatrix} 1 & -2 & -1 \\ 2 & 1 & 3 \\ 3 & -1 & 2 \end{bmatrix} \rightarrow \begin{bmatrix} 1 & 0 & 1 \\ 0 & 1 & 1 \\ 0 & 0 & 0 \end{bmatrix} \qquad \text{（式5.28）}$$

係数行列の行簡約階段形が単位行列にならない（0だけの行がある）ため、この斉次系には無数の解が存在します。つまり、$\{\boldsymbol{x}_1, \boldsymbol{x}_2, \boldsymbol{x}_3\}$は線形従属であるということです。

SymPyを使えば行列の行簡約階段形を求めることができます。リスト5.2では**rref**メソッドを用いて係数行列が（式5.28）の行簡約階段形になることを確認しています。

リスト5.2 係数行列の簡約化

In

```
import sympy as sy
sy.init_printing()

v1 = sy.Matrix([1, 2, 3])
v2 = sy.Matrix([-2, 1, -1])
v3 = sy.Matrix([-1, 3, 2])

A = sy.Matrix.hstack(v1, v2, v3)
M, indexes = A.rref()
M
```

Out

$$\begin{bmatrix} 1 & 0 & 1 \\ 0 & 1 & 1 \\ 0 & 0 & 0 \end{bmatrix}$$

また、**rref**メソッドはピボットを含む列のインデックスを、タプルにまとめて返します。このタプルの長さがベクトルの長さと等しければ線形独立、等しくなければ線形従属です。この例ではリスト5.3のように等しくなかったので線形従属だとわかります。

リスト5.3 線形独立、線形従属の判定（結果が**True**なら線形独立）

In
```
len(indexes) == len(v1)
```

Out
```
False
```

5.2 行列の基本部分空間

全ての行列には行空間、列空間、零空間、左零空間と呼ばれる四つの特別な部分空間があります。本節ではこれらの部分空間の定義を解説します。

5-2-1 零空間、左零空間

斉次系$\mathbf{A}\boldsymbol{x} = \mathbf{0}$の解集合は、$m \times n$行列$\mathbf{A}$の零空間（null space）と呼ばれる$\mathbb{R}^n$の部分空間です。つまり、$\mathbf{A}$の零空間は左から$\mathbf{A}$を掛けることでゼロベクトルに移されるベクトルの集合です。零空間は$\mathrm{N}(\mathbf{A})$のように表記されます。

（式5.29）の線形方程式系があるとします。

$$\begin{bmatrix} 1 & 2 & 3 \end{bmatrix} \begin{bmatrix} x \\ y \\ z \end{bmatrix} = \begin{bmatrix} 0 \end{bmatrix} \quad \text{（式5.29）}$$

これが非自明解以外にも解を持つとき、解は無数に存在します。明らかに$(0, -3, 2)$や$(3, 0, -1)$なども解になるので、（式5.29）は無数に解を持ちます。この二つの解の和$(3, -3, 1)$や、2倍した$(0, -6, 4)$なども解になり、これらも$\mathrm{N}(\mathbf{A})$に属します。

$\mathbf{A}$を$m \times n$行列として関数Tを（式5.30）と定義します。

$$T(\boldsymbol{x}) = \mathbf{A}\boldsymbol{x} \quad \text{（式5.30）}$$

Tは$\mathbb{R}^n$から$\mathbb{R}^m$への線形変換を表します。Tによってゼロベクトルに移される全てのベクトルの集合を核（kernel）と呼びます。Tの核は$\mathbf{A}\boldsymbol{x}$がゼロベクトルになる全てのベクトルxの集合であるため、行列$\mathbf{A}$の零空間にすぎません。よってTの核は（式5.31）のように表されます。

$$\mathrm{Ker}\,(T) = \mathrm{N}\,(\mathbf{A}) \qquad \text{(式5.31)}$$

左零空間（left null space）は$\mathbf{A}$の転置$\mathbf{A}^{\top}$の零空間です。つまり、斉次系$\mathbf{A}^{\top}\boldsymbol{y} = \mathbf{0}$の解集合が左零空間です。

5-2-2 行空間、列空間

行空間、列空間も線形変換の幾何学的性質を教えてくれるものです。$m \times n$の行列$\mathbf{A}$に対して、行列$\mathbf{A}$の行空間（row space）は$\mathbf{A}$の行が張る部分空間と定義されます。そして$\mathbf{A}$の行空間は$\mathrm{R}\,(\mathbf{A})$で表されます。これは$\mathbb{R}^n$のベクトルが張る部分空間です。

また、$\mathbf{A}$を構成する各列ベクトルが張る部分空間は$\mathbb{R}^m$の部分空間であり、$\mathbf{A}$の列空間（column space）と呼ばれます。$\mathbf{A}$の列空間は$\mathrm{C}\,(\mathbf{A})$で表されます。当然ながら$\mathbf{A}$の列空間は$\mathbf{A}^{\top}$の行空間と考えることができます。そのため、$\mathrm{R}\,(\mathbf{A})$は（式5.32）のように表記されることが多いです。

$$\mathrm{R}(\mathbf{A}) = \mathrm{C}\left(\mathbf{A}^{\top}\right) \qquad \text{(式5.32)}$$

ベクトル$\mathbf{A}\boldsymbol{x}$は$\mathbf{A}$の列の線形結合です。関数が取り得る値の集合を値域（range）と呼びますが、Tの値域は$\mathbf{A}\boldsymbol{x}$の全ての集合です。つまり、（式5.33）のようにTの値域は$\mathbf{A}$の列空間です。

$$\mathrm{Range}\,(T) = \mathrm{C}\,(\mathbf{A}) \qquad \text{(式5.33)}$$

多くの部分空間が何らかの線形変換の核または値域として発生します。

5.3 基底

部分空間を張る線形独立なベクトルの集合は基底と呼ばれます。本節では基底の定義や求め方を解説します。

5-3-1 部分空間の基底

次の二つの条件を満たす部分空間Sに属するベクトルの集合をSの基底（basis）と呼び、基底に属するベクトルを基底ベクトル（basis vector）と呼びます。

1. $\{\boldsymbol{x}_1, \boldsymbol{x}_2, \ldots, \boldsymbol{x}_m\}$が部分空間$S$を張る
2. $\{\boldsymbol{x}_1, \boldsymbol{x}_2, \ldots, \boldsymbol{x}_m\}$は線形独立

2番目の条件は基底ベクトルがいずれも非ゼロベクトルであり、他のベクトルの線形結合では表せないことを意味しています。

（式5.34）の三つのベクトルからなる集合が基底となるか調べてみます。

$$\boldsymbol{x}_1 = \begin{bmatrix}1\\2\\1\end{bmatrix},\ \boldsymbol{x}_2 = \begin{bmatrix}1\\0\\2\end{bmatrix},\ \boldsymbol{x}_3 = \begin{bmatrix}1\\2\\3\end{bmatrix} \qquad \text{(式5.34)}$$

これら三つのベクトルの集合が線形独立であれば基底となります。係数をc_1, c_2, c_3として、三つのベクトルの線形結合によって任意のベクトル$\boldsymbol{y} \in \mathbb{R}^3$を表せるか調べましょう。（式5.35）の線形方程式系の解が一意に定まれば、三つのベクトルの集合が線形独立ということになります。

$$\begin{bmatrix}1 & 1 & 1\\2 & 0 & 2\\1 & 2 & 3\end{bmatrix}\begin{bmatrix}c_1\\c_2\\c_3\end{bmatrix} = \begin{bmatrix}y_1\\y_2\\y_3\end{bmatrix} \qquad \text{(式5.35)}$$

係数行列の行簡約階段形は（式5.36）となります。

$$\begin{bmatrix}1 & 1 & 1\\2 & 0 & 2\\1 & 2 & 3\end{bmatrix} \rightarrow \begin{bmatrix}1 & 0 & 1\\0 & 1 & 1\\0 & 0 & 0\end{bmatrix} \qquad \text{(式5.36)}$$

行簡約階段形が単位行列である（0だけの行がない）ことから（式5.35）は常に解くことができ、(c_1, c_2, c_3)は一意に定まることがわかります。つまり、（式5.34）のベクトルの集合は線形独立であり、部分空間の基底です。

一般的に部分空間の基底は一つではなく無数に存在します。基底の中で代表的なものが標準基底$\{\boldsymbol{e}_1, \boldsymbol{e}_2, \cdots, \boldsymbol{e}_n\}$です。$n$次の単位行列$\mathbf{I}$の各列は（式5.37）に表すように標準基底ベクトルとなっています。

$$\mathbf{I} = \begin{bmatrix}\boldsymbol{e}_1 & \boldsymbol{e}_2 & \cdots & \boldsymbol{e}_n\end{bmatrix} \qquad \text{(式5.37)}$$

これらの列ベクトルを用いれば、任意のベクトル$\boldsymbol{y} \in \mathbb{R}^n$を次のような線形結合で表せます。

$$\boldsymbol{y} = \begin{bmatrix} y_1 \\ y_2 \\ \vdots \\ y_n \end{bmatrix} = y_1\boldsymbol{e}_1 + y_2\boldsymbol{e}_2 + \cdots + y_n\boldsymbol{e}_n \qquad \text{(式5.38)}$$

よって、$\mathbf{I}$の各列は$\mathbb{R}^n$を張ります。既に見てきたように標準基底は座標系における座標軸のような役割をしています。標準基底を考えれば、基底のベクトルは線形独立であり、どれか一つでも取り除くと空間の全てのベクトルを得ることはできない、ということも納得できます。

部分空間Sの基底は無数にありますが、どの基底であっても同じ個数のベクトルからなる集合です。基底ベクトルの個数をSの次元（dimension）と呼び、$\dim(S)$と表記します。例えば（式5.35）の三つの基底ベクトルが部分空間Sを張るので、$\dim(S) = 3$となります。

5-3-2 列空間の基底の求め方

あるベクトルの集合が張る部分空間の基底を求めたい場合、それらのベクトルを行列の列に配置することで、問題を行列の列空間の基底を求めることに変換できます。任意の列空間の基底を求めるには、やはり係数行列の行簡約階段形を利用しましょう。例として、$\mathbb{R}^4$に属する五つのベクトルからなる集合を考えます。この集合が張る部分空間の基底を求めてみます。（式5.39）の行列$\mathbf{A}$は五つのベクトルを列に配置したものです。この$\mathbf{A}$を簡約化すると$\mathbf{B}$が得られます。

$$\mathbf{A} = \begin{bmatrix} 1 & 0 & 1 & 0 & -1 \\ 1 & 1 & 0 & 0 & 1 \\ -1 & 0 & -1 & 1 & 4 \\ 2 & 1 & 1 & -1 & -3 \end{bmatrix} \rightarrow \begin{bmatrix} 1 & 0 & 1 & 0 & -1 \\ 0 & 1 & -1 & 0 & 2 \\ 0 & 0 & 0 & 1 & 3 \\ 0 & 0 & 0 & 0 & 0 \end{bmatrix} = \mathbf{B} \qquad \text{(式5.39)}$$

行列$\mathbf{A}$の列を左から順に$\boldsymbol{c}_1, \boldsymbol{c}_2, \boldsymbol{c}_3, \boldsymbol{c}_4, \boldsymbol{c}_5$と表すとします。同じように簡約行列$\mathbf{B}$の列は$\hat{\boldsymbol{c}}_1, \hat{\boldsymbol{c}}_2, \hat{\boldsymbol{c}}_3, \hat{\boldsymbol{c}}_4, \hat{\boldsymbol{c}}_5$とします。$\mathbf{B}$においてピボットを含む列は$\hat{\boldsymbol{c}}_1, \hat{\boldsymbol{c}}_2, \hat{\boldsymbol{c}}_4$です。$\mathbf{A}$でピボット列に対応する列が$\boldsymbol{c}_1, \boldsymbol{c}_2, \boldsymbol{c}_4$であり、これらが列空間の基底ベクトルになります。この列空間は$\mathbb{R}^4$の空間にある3次元の部分空間です。

このように基底を求められるのは、行基本変形によって列の間の線形従属性が変わらないためです。$\mathbf{B}$において1列目、2列目、4列目が線形独立であれば、$\mathbf{A}$においても1列目、2列目、4列目が線形独立であることは変わりません。例えば$\hat{\boldsymbol{c}}_3 = \hat{\boldsymbol{c}}_1 - \hat{\boldsymbol{c}}_2$が成り立っているので、$\boldsymbol{c}_3 = \boldsymbol{c}_1 - \boldsymbol{c}_2$も成り立ちます。

SymPyには行列の列空間の基底を求める**columnspace**メソッドが用意されています。例題の列空間の基底はリスト5.4のように求められます。

リスト5.4 **columnspace**メソッドで求める列空間の基底

In

```
A = sy.Matrix([[1, 0, 1, 0, -1],
               [1, 1, 0, 0, 1],
               [-1, 0, -1, 1, 4],
               [2, 1, 1, -1, -3]])
A.columnspace()
```

Out

$$\left[\begin{bmatrix}1\\1\\-1\\2\end{bmatrix}, \begin{bmatrix}0\\1\\0\\1\end{bmatrix}, \begin{bmatrix}0\\0\\1\\-1\end{bmatrix}\right]$$

5-3-3 行空間の基底の求め方

行列の行空間の基底も簡約行列から求めることができます。行空間は$\mathrm{C}(\mathbf{A}^\top)$なので、$\mathbf{A}$の転置行列を行簡約階段形に変形し、そこから列空間を求めればそれが$\mathbf{A}$の行空間になります。しかし、このようなことをせずに行空間を求める方法があります。

（式5.39）の行列$\mathbf{A}$を例にして、$\mathbf{A}$の行空間の基底を求めてみます。今度は簡約行列$\mathbf{B}$のピボットを含む行に注目します。$\mathbf{B}$の各行を上から順に$\hat{\boldsymbol{r}}_1$から$\hat{\boldsymbol{r}}_4$とすると、ピボットのある行の$\hat{\boldsymbol{r}}_1, \hat{\boldsymbol{r}}_2, \hat{\boldsymbol{r}}_3$が基底になります。この行空間は$\mathbb{R}^5$の空間にある3次元の部分空間です。

列空間の基底の求め方と異なり、行空間の基底ベクトルは行簡約階段形の行のベクトルとなります。なぜなら、行基本変形は行列の行空間を変更しないからです。これは行基本変形によって生成される新しい行が古い行の線形結合であり、さらに行基本変形は可逆的な操作であるためです。

SymPyには行列の行空間の基底を求める**rowspace**メソッドが用意されてい

ます。リスト5.5では例題の行空間の基底を求めています。

リスト5.5 **rowspace**メソッドで求める行空間の基底

In
```
A.rowspace()
```

Out

$$\left[\begin{bmatrix}1 & 0 & 1 & 0 & -1\end{bmatrix}, \begin{bmatrix}0 & 1 & -1 & 0 & 2\end{bmatrix}, \begin{bmatrix}0 & 0 & 0 & 1 & 3\end{bmatrix}\right]$$

5-3-4 零空間の基底の求め方

零空間の基底を見つけるということは斉次系$\mathbf{A}\boldsymbol{x} = \mathbf{0}$の解を求めるのと同じです。簡約行列のピボットを含まない列を見ればどれが自由変数かを知ることができます。(式5.39) の行列$\mathbf{A}$とその簡約行列$\mathbf{B}$を例にすると、ピボットを含まないのは$\hat{\boldsymbol{c}}_3, \hat{\boldsymbol{c}}_5$なので$x_3$と$x_5$が自由変数となります。$\mathbf{A}$の零空間に属するベクトル$(x_1, x_2, x_3, x_4, x_5)$は(式5.40) の線形方程式系の解です。

$$\begin{aligned} x_1 + x_3 - x_5 &= 0 \\ x_2 - x_3 + 2x_5 &= 0 \\ x_4 + 3x_5 &= 0 \end{aligned} \tag{式5.40}$$

解は自由変数を使って(式5.41) のように表せます。

$$\begin{bmatrix} x_1 \\ x_2 \\ x_3 \\ x_4 \\ x_5 \end{bmatrix} = x_3 \begin{bmatrix} 1 \\ -1 \\ 1 \\ 0 \\ 0 \end{bmatrix} + x_5 \begin{bmatrix} -1 \\ 2 \\ 0 \\ 3 \\ 1 \end{bmatrix} \tag{式5.41}$$

よって、解集合は$(1, -1, 1, 0, 0)$と$(-1, 2, 0, 3, 1)$によって張られる部分空間です。そしてこの解集合が零空間であり、二つのベクトルが零空間の基底です。

SymPyには行列の零空間の基底を求める**nullspace**メソッドが用意されています。リスト5.6を実行すると例題の零空間の基底が求まります。

リスト5.6 **nullspace**メソッドで求める零空間の基底

In

```
A.nullspace()
```

Out

$$\left[\begin{bmatrix} -1 \\ 1 \\ 1 \\ 0 \\ 0 \end{bmatrix}, \begin{bmatrix} 1 \\ -2 \\ 0 \\ -3 \\ 1 \end{bmatrix} \right]$$

5-3-5 階数・退化次数の定理

行空間の次元（基底ベクトルの個数）を行列の階数（rank）と呼びます。特に行列$\mathbf{A}$の行空間の次元は$\mathbf{A}$の行階数、$\mathbf{A}$の列空間の次元は$\mathbf{A}$の列階数と呼ばれます。（式5.39）の行列$\mathbf{A}$において、これらの数値は両方とも3となります。これは偶然ではなく、常に行列の行階数と列階数は同じという性質があります。どちらの部分空間の基底も、行簡約階段形のピボットから見つけることができました。よって、行空間と列空間の次元は常に同じであり、それはピボットの数と一致します。行列が$m \times n$である場合は行空間と列空間は異なる空間（$\mathbb{R}^n$と$\mathbb{R}^m$）に存在しますが、それでも次元は同じです。

行列の零空間の次元を行列の退化次数（nullity）と呼びます。これは斉次系$\mathbf{A}\boldsymbol{x} = \mathbf{0}$の自由変数の数に等しく、簡約行列の中でピボットを含まない列の数です。よって、（式5.39）の行列$\mathbf{A}$の退化次数は2です。

つまり、$\mathbf{A}$の階数と$\mathbf{A}$の退化次数の和が$\mathbf{A}$の列の総数になります。$m \times n$行列$\mathbf{A}$の場合、列の総数はnです。まとめると階数と退化次数には（式5.42）の関係が成り立ちます。

$$\operatorname{rank}(\mathbf{A}) + \operatorname{nullity}(\mathbf{A}) = n \quad \text{(式5.42)}$$

また、この行列$\mathbf{A}$の階数がnである場合、$\mathbf{A}$は最大階数（full rank）を有するといいます。これは$\mathbf{A}$が可逆行列であり、線形変換によって空間の次元が減らないということです。つまり、行列の階数はその行列がどれだけ可逆行列に近いかを表す指標と考えることができます。

SymPyを使用する場合は**rank**メソッドで行列の階数を計算できます。（式5.39）の行列$\mathbf{A}$は階数が3だと確認できます（リスト5.7）。

リスト5.7 **rank**メソッドで求める行列の階数

In
```
A.rank()
```

Out
```
3
```

また、$\mathbf{A}$の退化次数はリスト5.8のように求められます。

リスト5.8 退化次数（零空間の次元）の確認

In
```
len(A.nullspace())
```

Out
```
2
```

NumPyの配列を使う場合、行列の階数はNumPyの**linalg.matrix_rank**関数で求められます。リスト5.9では適当な行列の階数を求めてみると、最大階数であることがわかりました。

リスト5.9 **linalg.matrix_rank**関数で求める行列の階数

In
```
A = np.array([[1, 1, 1],
              [2, 0, 2],
              [1, 2, 3]])

np.linalg.matrix_rank(A)
```

Out
```
3
```

この章では部分空間の視点から行列の特徴を見る方法を学んできました。そのまとめとして、行列が可逆であるときの特徴を示します。可逆行列であることの条件はたくさんあり、これまで触れてきた多くの概念が結びついています。$n \times n$行列$\mathbf{A}$において以下の条件は全て同値です。

1. $\mathbf{A}$は可逆行列
2. $\mathbf{A}\boldsymbol{x} = \boldsymbol{b}$の解はどの$\boldsymbol{b}$に対しても一意に決まる
3. $\mathbf{A}\boldsymbol{x} = \mathbf{0}$は自明解だけを持つ

4. $\mathbf{A}$の行簡約階段形は単位行列
5. $\mathbf{A}$は基本行列の積
6. $\mathbf{A}$の列が$\mathbb{R}^n$を張る
7. $\mathbf{A}$の列は線形独立
8. $\mathbf{A}$の列が$\mathbb{R}^n$の基底を形成する
9. $\mathbf{A}$の階数はn
10. $\mathbf{A}$の退化次数は0
11. $\mathbf{A}^\top$は可逆行列
12. $\mathbf{A}$の行が$\mathbb{R}^n$を張る
13. $\mathbf{A}$の行は線形独立
14. $\mathbf{A}$の行が$\mathbb{R}^n$の基底を形成する

第6章 直交性

ベクトルの直交性という概念はベクトルの内積と深く関わっています。本章では直交の定義から始め、直交行列の作成方法などを紹介していきます。また、応用として最小二乗法による線形回帰について解説します。

6.1 直交行列

本節では直交行列について解説します。直交という概念はベクトルの内積と深く関わっており、線形代数のさまざまな応用の場面で登場します。

6-1-1 直交

（式6.1）のようにゼロベクトルでないベクトル$\boldsymbol{u}$と$\boldsymbol{v}$の内積が0であるとき、$\boldsymbol{u}$と$\boldsymbol{v}$は直交（orthogonal）であるといいます。

$$\langle \boldsymbol{u}, \boldsymbol{v} \rangle = 0 \qquad \text{(式6.1)}$$

直交であるベクトルの集合で代表的なものが標準基底です。標準基底ベクトルは各々の大きさが1で、互いに直交しています。

ゼロベクトルを除くベクトルの集合$\{\boldsymbol{v}_1, \boldsymbol{v}_2, \ldots, \boldsymbol{v}_n\}$があり、（式6.2）に表すように集合に含まれるベクトルの組が全て直交するとします。

$$\langle \boldsymbol{u_i}, \boldsymbol{v_i} \rangle = 0 \qquad \text{(式6.2)}$$

このようなベクトルの集合は直交系（orthogonal set）と呼ばれます。直交系に含まれる全てのベクトルの組が直交することから直交系は線形独立であるとわかります。さらに、標準基底のように各ベクトルが単位ベクトルであれば、ベクトルの集合は正規直交系（orthonormal set）と呼ばれます。$\mathbb{R}^3$における標準基底が正規直交系のイメージとしてわかりやすいと思います。直交系の各ベクトルをその長さで割って正規化するだけで正規直交系にすることができます。

基底が直交系である利点は、任意のベクトルを基底ベクトルの線形結合として表現する際、その線形結合の係数を求めるのが簡単なことです。直交系の基底$\{\boldsymbol{v}_1, \boldsymbol{v}_2, \ldots, \boldsymbol{v}_k\}$があるとし、（式6.3）のように基底ベクトルの線形結合で任意のベクトル$\boldsymbol{w}$を表します。

$$\boldsymbol{w} = c_1\boldsymbol{v}_1 + c_2\boldsymbol{v}_2 + \cdots + c_k\boldsymbol{v}_k \qquad \text{(式6.3)}$$

係数c_iは（式6.4）で求まります。

$$c_i = \frac{\langle \boldsymbol{w}, \boldsymbol{v}_i \rangle}{\langle \boldsymbol{v}_i, \boldsymbol{v}_i \rangle} \qquad \text{(式6.4)}$$

このような式になることは$\boldsymbol{w}$の$\boldsymbol{v}_i$方向成分を考えると理解できます（図6.1）。

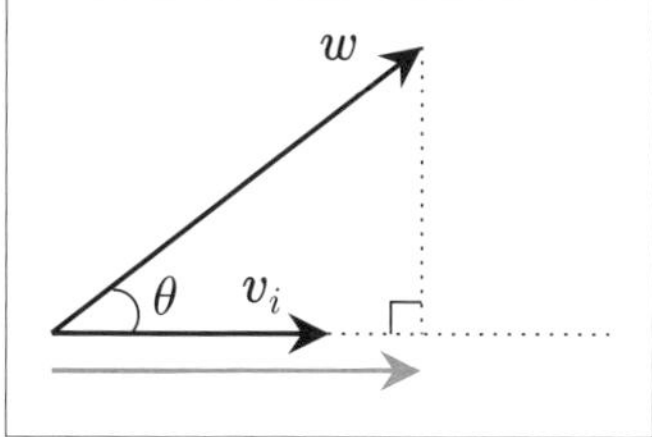

図6.1 $\boldsymbol{w}$の$\boldsymbol{v}_i$方向成分

図6.1 の青い矢印は$\boldsymbol{w}$を$\boldsymbol{v}_i$方向に投影したものであり、$\boldsymbol{w}$の$\boldsymbol{v}_i$方向成分です。このベクトルの長さは$\boldsymbol{w}$の長さに$\cos\theta$を掛けた値になります。これは（式1.41）の内積の幾何学的定義を用いて（式6.5）と表すことができます。

$$\|\boldsymbol{w}\|\cos\theta = \frac{\langle \boldsymbol{w}, \boldsymbol{v}_i \rangle}{\|\boldsymbol{v}_i\|} \quad \text{(式6.5)}$$

またそのベクトルの方向は（式6.6）の単位ベクトルで表せます。

$$\frac{\boldsymbol{v}_i}{\|\boldsymbol{v}_i\|} \quad \text{(式6.6)}$$

よって、（式6.5）と（式6.6）の積が$\boldsymbol{w}$の$\boldsymbol{v}_i$方向成分になります。これは$\|\boldsymbol{v}_i\|^2 = \langle \boldsymbol{v}_i, \boldsymbol{v}_i \rangle$なので（式6.7）となります。

$$\frac{\langle \boldsymbol{w}, \boldsymbol{v}_i \rangle}{\|\boldsymbol{v}_i\|^2}\boldsymbol{v}_i = \frac{\langle \boldsymbol{w}, \boldsymbol{v}_i \rangle}{\langle \boldsymbol{v}_i, \boldsymbol{v}_i \rangle}\boldsymbol{v}_i \quad \text{(式6.7)}$$

（式6.7）よりベクトル$\boldsymbol{v}_i$の係数c_iが（式6.4）であることがわかります。

また、$\boldsymbol{w}$と$\boldsymbol{v}_i$の内積は（式6.8）となります。基底ベクトルは各々直交するため、第i項を除く全ての項が消えています。

$$\langle \boldsymbol{w}, \boldsymbol{v}_i \rangle = c_1\langle \boldsymbol{v}_1, \boldsymbol{v}_i \rangle + c_2\langle \boldsymbol{v}_2, \boldsymbol{v}_i \rangle + \cdots + c_k\langle \boldsymbol{v}_k, \boldsymbol{v}_i \rangle = c_i\langle \boldsymbol{v}_i, \boldsymbol{v}_i \rangle \quad \text{(式6.8)}$$

この式からも（式6.4）が成り立つことがわかります。

基底ベクトルが正規直交であれば、線形結合の係数c_iはさらに簡単に表現することができます。なぜなら基底ベクトルの長さが1なので、c_iの分母が1になるからです。$\{\boldsymbol{q}_1, \boldsymbol{q}_2, \ldots, \boldsymbol{q}_k\}$をある部分空間$S$の正規直交基底とし、$S$に属する$\boldsymbol{w}$を$\boldsymbol{q}_i$の線形結合で表すと（式6.9）となります。

$$\boldsymbol{w} = \langle \boldsymbol{w}, \boldsymbol{q}_1 \rangle \boldsymbol{q}_1 + \langle \boldsymbol{w}, \boldsymbol{q}_2 \rangle \boldsymbol{q}_2 + \cdots + \langle \boldsymbol{w}, \boldsymbol{q}_k \rangle \boldsymbol{q}_k \quad \text{(式6.9)}$$

これが正規直交基底を使うことの特に大きな利点です。内積を計算するだけで基底の座標が求まります。

$\mathbb{R}^n$の標準基底は正規直交基底ですが、$\mathbb{R}^n$の正規直交基底は無数に存在します。線形変換を表す行列の列は、標準基底ベクトルがどこに移されるのかを表しています。もしも基底ベクトルの直交性と長さを保持するような線形変換があれば、その行列の列は各々直交し、長さが1であると予想できます。例えば、$\mathbb{R}^3$の標準基底をz軸を中心に回転させる線形変換は（式6.10）の行列で表されます。

$$\mathbf{B} = \begin{bmatrix} \cos\theta & -\sin\theta & 0 \\ \sin\theta & \cos\theta & 0 \\ 0 & 0 & 1 \end{bmatrix} \tag{式6.10}$$

$\mathbf{B}$の列のベクトルは各々直交しています。また、列ベクトルは全て単位ベクトルです。よって、これらの列の集合は正規直交基底となります。

6-1-2 直交行列

ある正規直交系に属するベクトルを行列$\mathbf{Q}$の列として並べたとします。正規直交系の要素数がベクトルの次元nに等しいとき、$\mathbf{Q}$は$n \times n$の行列になります。すると、その正規直交系に属するベクトルは$\mathbb{R}^n$全体を張り、$\mathbf{Q}$は直交行列(orthogonal matrix)と呼ばれます。正規直交行列ではなく直交行列と呼ばれるのは慣習的な理由からです。

$n \times n$の直交行列$\mathbf{Q}$を（式6.11）とします。

$$\mathbf{Q} = \begin{bmatrix} a_{11} & a_{12} & \cdots & a_{1n} \\ a_{21} & a_{22} & \cdots & a_{2n} \\ \vdots & \vdots & \ddots & \vdots \\ a_{n1} & a_{n2} & \cdots & a_{nn} \end{bmatrix} \tag{式6.11}$$

直交行列の転置と逆行列には（式6.12）の関係があります。

$$\mathbf{Q}^\mathsf{T} = \mathbf{Q}^{-1} \tag{式6.12}$$

つまり、直交行列は（式6.13）の性質を持ちます。

$$\mathbf{Q}^\mathsf{T}\mathbf{Q} = \mathbf{Q}\mathbf{Q}^\mathsf{T} = \mathbf{I} \tag{式6.13}$$

（式6.13）が成り立つことを確認してみましょう。$\mathbf{Q}$の第j列を（式6.14）のように$\boldsymbol{q}_j$と表します。

$$\boldsymbol{q}_j = \begin{bmatrix} a_{1j} \\ a_{2j} \\ \vdots \\ a_{nj} \end{bmatrix} \qquad \text{(式6.14)}$$

この列ベクトルを用いて$\mathbf{Q}$は（式6.15）のように表せます。

$$\mathbf{Q} = \begin{bmatrix} \boldsymbol{q}_1 & \boldsymbol{q}_2 & \cdots & \boldsymbol{q}_n \end{bmatrix} \qquad \text{(式6.15)}$$

（式6.15）の表現で$\mathbf{Q}^\top\mathbf{Q}$を表すと（式6.16）になります。

$$\begin{aligned} \mathbf{Q}^\top\mathbf{Q} &= \begin{bmatrix} \boldsymbol{q}_1^\top \\ \boldsymbol{q}_2^\top \\ \vdots \\ \boldsymbol{q}_n^\top \end{bmatrix} \begin{bmatrix} \boldsymbol{q}_1 & \boldsymbol{q}_2 & \cdots & \boldsymbol{q}_n \end{bmatrix} \\ &= \begin{bmatrix} \boldsymbol{q}_1^\top\boldsymbol{q}_1 & \boldsymbol{q}_1^\top\boldsymbol{q}_2 & \cdots & \boldsymbol{q}_1^\top\boldsymbol{q}_n \\ \boldsymbol{q}_2^\top\boldsymbol{q}_1 & \boldsymbol{q}_2^\top\boldsymbol{q}_2 & \cdots & \boldsymbol{q}_2^\top\boldsymbol{q}_n \\ \vdots & \vdots & \ddots & \vdots \\ \boldsymbol{q}_n^\top\boldsymbol{q}_1 & \boldsymbol{q}_n^\top\boldsymbol{q}_2 & \cdots & \boldsymbol{q}_n^\top\boldsymbol{q}_n \end{bmatrix} \\ &= \mathbf{I} \end{aligned} \qquad \text{(式6.16)}$$

$\boldsymbol{q}_i^\top\boldsymbol{q}_j$は$\boldsymbol{q}_i$と$\boldsymbol{q}_j$の内積です。$\mathbf{Q}$の列の集合が正規直交であることから（式6.17）がわかります。

$$\boldsymbol{q}_i^\top\boldsymbol{q}_j = \begin{cases} 1 & (i = j) \\ 0 & (i \neq j) \end{cases} \qquad \text{(式6.17)}$$

よって、$\mathbf{Q}^\top\mathbf{Q}$は対角成分だけが1、それ以外は0になります。

（式6.18）の回転行列は直交行列の具体例です。

$$\mathbf{Q} = \begin{bmatrix} \cos\theta & -\sin\theta \\ \sin\theta & \cos\theta \end{bmatrix} \qquad \text{(式6.18)}$$

$\mathbf{Q}$は直交行列なので（式6.19）のように$\mathbf{Q}^\top\mathbf{Q}$が単位行列になります。

$$\mathbf{Q}^\top\mathbf{Q} = \begin{bmatrix}\cos\theta & \sin\theta \\ -\sin\theta & \cos\theta\end{bmatrix}\begin{bmatrix}\cos\theta & -\sin\theta \\ \sin\theta & \cos\theta\end{bmatrix}$$
$$= \begin{bmatrix}\cos^2\theta + \sin^2\theta & 0 \\ 0 & \cos^2\theta + \sin^2\theta\end{bmatrix}$$
$$= \begin{bmatrix}1 & 0 \\ 0 & 1\end{bmatrix} \qquad \text{(式6.19)}$$

$\mathbf{Q}$の列ベクトルが正規直交であることも（式6.20）と（式6.21）のように確認できます。

$$\left\|\begin{bmatrix}\cos\theta \\ \sin\theta\end{bmatrix}\right\| = \left\|\begin{bmatrix}-\sin\theta \\ \cos\theta\end{bmatrix}\right\| = 1 \qquad \text{(式6.20)}$$

$$\left\langle\begin{bmatrix}\cos\theta \\ \sin\theta\end{bmatrix}, \begin{bmatrix}-\sin\theta \\ \cos\theta\end{bmatrix}\right\rangle = \cos\theta\,(-\sin\theta) + \sin\theta\,(\cos\theta) = 0 \qquad \text{(式6.21)}$$

直交行列はベクトルの点間の距離や角度などを保存する線形変換と考えることができます。（式6.22）に示すように、直交行列は任意の二つのベクトルの内積を変えません。

$$\langle\mathbf{Q}\boldsymbol{u}, \mathbf{Q}\boldsymbol{v}\rangle = (\mathbf{Q}\boldsymbol{u})^\top\mathbf{Q}\boldsymbol{v} = \boldsymbol{u}^\top\mathbf{Q}^\top\mathbf{Q}\boldsymbol{v}$$
$$= \boldsymbol{u}^\top\boldsymbol{v} = \langle\boldsymbol{u}, \boldsymbol{v}\rangle \qquad \text{(式6.22)}$$

この式は$\boldsymbol{u} = \boldsymbol{v}$であった場合に（式6.23）のようになります。

$$\langle\mathbf{Q}\boldsymbol{u}, \mathbf{Q}\boldsymbol{u}\rangle = \langle\boldsymbol{u}, \boldsymbol{u}\rangle \qquad \text{(式6.23)}$$

つまり、（式6.24）のように直交行列による線形変換はベクトルの大きさを変えません。例えば回転行列による線形変換ではベクトルの長さが変化しません。

$$\|\mathbf{Q}\boldsymbol{u}\| = \|\boldsymbol{u}\| \qquad \text{(式6.24)}$$

$\mathbf{Q}\boldsymbol{u}$と$\mathbf{Q}\boldsymbol{v}$のなす角度をϕとします。すると、$\mathbf{Q}\boldsymbol{u}$と$\mathbf{Q}\boldsymbol{v}$の内積は（式6.25）になります。

$$\langle\mathbf{Q}\boldsymbol{u}, \mathbf{Q}\boldsymbol{v}\rangle = \|\mathbf{Q}\boldsymbol{u}\|\,\|\mathbf{Q}\boldsymbol{v}\|\cos(\phi)$$
$$= \|\boldsymbol{u}\|\,\|\boldsymbol{v}\|\cos(\phi) \qquad \text{(式6.25)}$$

この式と（式6.22）から$\theta = \phi$が成り立ち、二つのベクトルを直交行列によって線形変換してもベクトルのなす角は変化しないことがわかります。

そのほか、直交行列同士の積も直交行列であるという性質があります。行列$\mathbf{A}$と$\mathbf{B}$を直交行列とすれば、（式6.26）のように行列の積$\mathbf{AB}$と$\mathbf{BA}$は（式6.13）を満たします。

$$(\mathbf{AB})^\top(\mathbf{AB}) = \mathbf{B}^\top\mathbf{A}^\top\mathbf{AB} = \mathbf{B}^\top\mathbf{B} = \mathbf{I}$$
$$(\mathbf{BA})^\top(\mathbf{BA}) = \mathbf{A}^\top\mathbf{B}^\top\mathbf{BA} = \mathbf{A}^\top\mathbf{A} = \mathbf{I} \tag{式6.26}$$

行列式の性質から直交行列の行列式には（式6.27）の性質があるとわかります。

$$\begin{aligned}\det(\mathbf{I}) &= \det\left(\mathbf{Q}^\top\mathbf{Q}\right) = \det\left(\mathbf{Q}^\top\right)\det(\mathbf{Q}) \\ &= \det(\mathbf{Q})\det(\mathbf{Q}) = (\det(\mathbf{Q}))^2\end{aligned} \tag{式6.27}$$

$\det(\mathbf{I}) = 1$なので（式6.28）が成り立ちます。

$$\det(\mathbf{Q}) = \pm 1 \tag{式6.28}$$

ベクトルの長さが保持されることから、直交行列の行列式の絶対値が1であることは理解できます。特に行列式が1の直交行列を正格直交行列（proper orthogonal matrix）と呼びます。

NumPyの配列を用いて数値計算でも直交行列の性質を確かめてみます。リスト6.1では作成した$\mathbf{Q}$に対して$\mathbf{Q}^\top\mathbf{Q}$を計算しており、結果は単位行列になります。

リスト6.1 $\mathbf{Q}^\top\mathbf{Q} = \mathbf{I}$の確認

In

```
import numpy as np


Q = np.array([[0, -0.8, -0.6],
              [0.8, -0.36, 0.48],
              [0.6, 0.48, -0.64]])


np.allclose(Q.T @ Q, np.eye(3))
```

Out

```
True
```

任意のベクトル$\boldsymbol{u}$に対して$\mathbf{Q}\boldsymbol{u}$は長さを変えません（リスト6.2）。

リスト6.2 $\|\mathbf{Q}\boldsymbol{u}\| = \|\boldsymbol{u}\|$の確認

In
```
from scipy import linalg as sla

u = np.array([[1, 2, 3]]).T

np.allclose(sla.norm(Q @ u), sla.norm(u))
```

Out
```
True
```

また、行列式が±1（この例では-1）であることも確認できます（リスト6.3）。

リスト6.3 $\det(\mathbf{Q})$の計算

In
```
sla.det(Q)
```

Out
```
-1.0000000000000002
```

6.2 QR分解

正規直交基底の利点（座標表現のわかりやすさ）を見たところで、次にそのような基底を求める手順を見ることにします。その手順はグラム・シュミットの正規直交化法と呼ばれています。

6-2-1 グラム・シュミットの正規直交化法

部分空間Sの基底として$\{\boldsymbol{v}_1, \boldsymbol{v}_2, \ldots, \boldsymbol{v}_n\}$が与えられているとします。なお、この基底は直交である必要はありません。部分空間Sを張る直交基底$\{\boldsymbol{w}_1, \boldsymbol{w}_2, \ldots, \boldsymbol{w}_n\}$を作り出す方法がいくつか存在します。その方法の中で代表的なものがグラム・シュミットの正規直交化法（Gram-Schmidt orthonormalization）です。

グラム・シュミットの正規直交化法では$\boldsymbol{v}_i$を基にして順次$\boldsymbol{w}_i$を計算していき

ます。まずは$\boldsymbol{w}_1$を$\boldsymbol{v}_1$とします。

$$\boldsymbol{w}_1 = \boldsymbol{v}_1 \tag{式6.29}$$

$\boldsymbol{w}_2$は$\boldsymbol{v}_2$から$\boldsymbol{v}_2$の$\boldsymbol{w}_1$方向成分を引いたものです。よって（式6.30）になります。

$$\boldsymbol{w}_2 = \boldsymbol{v}_2 - \frac{\langle \boldsymbol{v}_2, \boldsymbol{w}_1 \rangle}{\langle \boldsymbol{w}_1, \boldsymbol{w}_1 \rangle}\boldsymbol{w}_1 \tag{式6.30}$$

$\boldsymbol{w}_2$が$\boldsymbol{w}_1$と直交であることは$\langle \boldsymbol{w}_2, \boldsymbol{w}_1 \rangle = 0$となることから確認できます。この要領で$\boldsymbol{w}_3$以降も求めていきます。$\boldsymbol{w}_3$は$\boldsymbol{v}_3$から$\boldsymbol{v}_3$の$\boldsymbol{w}_1$方向成分、$\boldsymbol{w}_2$方向成分を引いたものです。すると、（式6.31）が得られます。

$$\boldsymbol{w}_3 = \boldsymbol{v}_3 - \frac{\langle \boldsymbol{v}_3, \boldsymbol{w}_1 \rangle}{\langle \boldsymbol{w}_1, \boldsymbol{w}_1 \rangle}\boldsymbol{w}_1 - \frac{\langle \boldsymbol{v}_3, \boldsymbol{w}_2 \rangle}{\langle \boldsymbol{w}_2, \boldsymbol{w}_2 \rangle}\boldsymbol{w}_2 \tag{式6.31}$$

やはり内積を計算すれば$\boldsymbol{w}_3$が$\boldsymbol{w}_1$および$\boldsymbol{w}_2$に直交であることを確認できます。この作業を続けていくと直交基底が得られます。一般に$\boldsymbol{w}_n$は（式6.32）となります。

$$\begin{aligned}\boldsymbol{w}_n = \boldsymbol{v}_n &- \frac{\langle \boldsymbol{v}_n, \boldsymbol{w}_1 \rangle}{\langle \boldsymbol{w}_1, \boldsymbol{w}_1 \rangle}\boldsymbol{w}_1 - \frac{\langle \boldsymbol{v}_n, \boldsymbol{w}_2 \rangle}{\langle \boldsymbol{w}_2, \boldsymbol{w}_2 \rangle}\boldsymbol{w}_2 \\ &- \cdots - \frac{\langle \boldsymbol{v}_n, \boldsymbol{w}_{n-1} \rangle}{\langle \boldsymbol{w}_{n-1}, \boldsymbol{w}_{n-1} \rangle}\boldsymbol{w}_{n-1}\end{aligned} \tag{式6.32}$$

次に、求まったベクトル$\boldsymbol{w}_i$をその長さで割って正規化し、単位ベクトル$\boldsymbol{q}_i$を求めます。つまり、$\boldsymbol{q}_i$は（式6.33）です。

$$\boldsymbol{q}_i = \frac{\boldsymbol{w}_i}{\|\boldsymbol{w}_i\|} \tag{式6.33}$$

以上で正規直交基底$\{\boldsymbol{q}_1, \boldsymbol{q}_2, \ldots, \boldsymbol{q}_n\}$が求まります。

ここで紹介した古典的なグラム・シュミットの正規直交化法の計算過程は丸め誤差のために直交性が失われることがあり、数値的に不安定であるといわれています。そのため、コンピュータで計算する際には全く別の方法や、グラム・シュミットの計算過程を修正したものが使われることが多いです。ただしグラム・シュミットの直交化法はほかの方法の基礎となるので、重要であることには変わりありません。

6-2-2 QR分解

グラム・シュミットの計算過程によってQR分解（QR Decompositon、QR factorization）と呼ばれる行列の因数分解を行うことができます。QR分解は最小二乗問題を解くためなどに使用されます。$\mathbf{A}$を階数nの$m \times n$行列とし、$\mathbf{A}$の列のベクトルにグラム・シュミットの計算過程を適用すると、$\mathbf{Q}$と$\mathbf{R}$の積に分解することができます。

$$\mathbf{A} = \mathbf{QR} \tag{式6.34}$$

ここで、$\mathbf{Q}$は正規直交な列を持つ$m \times n$の行列、$\mathbf{R}$は$n \times n$の上三角行列です。

$\mathbf{R}$が上三角行列になるのはグラム・シュミットの計算過程を見るとわかります。一般に$\boldsymbol{v}_k$は$\{\boldsymbol{q}_1, \boldsymbol{q}_2, \ldots, \boldsymbol{q}_n\}$の線形結合で表現できます。グラム・シュミットの過程の式を$\boldsymbol{v}_i$が左辺に来るように変形します。$\boldsymbol{v}_1$は（式6.35）と表されます。

$$\boldsymbol{v}_1 = r_{11}\boldsymbol{q}_1 \tag{式6.35}$$

同様に$\boldsymbol{v}_2$は（式6.36）です。

$$\boldsymbol{v}_2 = r_{12}\boldsymbol{q}_1 + r_{22}\boldsymbol{q}_2 \tag{式6.36}$$

一般に$\boldsymbol{v}_k$は係数をr_{jk}およびr_{kk}として（式6.37）で表せます。

$$\boldsymbol{v}_k = \sum_{j=1}^{k-1} r_{jk}\boldsymbol{q}_j + r_{kk}\boldsymbol{q}_k,\ k = 1, 2, \ldots, n \tag{式6.37}$$

（式6.37）を行列形式で表したのが（式6.38）です。

$$\begin{bmatrix} \boldsymbol{v}_1 & \boldsymbol{v}_2 & \cdots & \boldsymbol{v}_k \end{bmatrix} = \begin{bmatrix} \boldsymbol{q}_1 & \boldsymbol{q}_2 & \cdots & \boldsymbol{q}_k \end{bmatrix} \begin{bmatrix} r_{11} & r_{12} & \cdots & r_{1k} \\ 0 & r_{22} & \cdots & r_{2k} \\ \vdots & \vdots & \ddots & \vdots \\ 0 & 0 & \cdots & r_{kk} \end{bmatrix} \tag{式6.38}$$

$\boldsymbol{q}_k$は$\boldsymbol{w}_k$を正規化したベクトルなので、$\boldsymbol{w}_k$は$\boldsymbol{v}_k$と$\boldsymbol{w}_1, \boldsymbol{w}_2, \ldots, \boldsymbol{w}_{k-1}$で定義されています。よって、$\mathbf{R}$の全ての対角成分は非ゼロでなければなりません。つまり係数$r_{kk} \neq 0$が必要です。

NumPyの配列でQR分解を行う場合は、NumPyやSciPyの**`linalg.qr`**関数を使います（リスト6.4）。NumPy版とSciPy版では関数の**`mode`**引数の与え方が異なるなどの違いがあります。

リスト6.4 **linalg.qr**関数によるQR分解

In

```
A = np.array([[1, 1, 0],
              [1, 2, 0],
              [0, 0, 1]])

Q, R = sla.qr(A)
Q, R
```

Out

```
(array([[-0.70710678, -0.70710678,  0.        ],
        [-0.70710678,  0.70710678,  0.        ],
        [-0.        , -0.        ,  1.        ]]),
 array([[-1.41421356, -2.12132034,  0.        ],
        [ 0.        ,  0.70710678,  0.        ],
        [ 0.        ,  0.        ,  1.        ]]))
```

SymPyにはQR分解を行う**QRdecomposition**メソッドが用意されています。リスト6.5のように$\mathbf{Q}$と$\mathbf{R}$が求まります。

リスト6.5 **QRdecomposition**メソッドによるQR分解

In

```
import sympy as sy
sy.init_printing()

A = sy.Matrix(A)
Q, R = A.QRdecomposition()
Q, R
```

Out

$$\left(\begin{bmatrix}\frac{\sqrt{2}}{2} & -\frac{\sqrt{2}}{2} & 0\\ \frac{\sqrt{2}}{2} & \frac{\sqrt{2}}{2} & 0\\ 0 & 0 & 1\end{bmatrix}, \begin{bmatrix}\sqrt{2} & \frac{3\sqrt{2}}{2} & 0\\ 0 & \frac{\sqrt{2}}{2} & 0\\ 0 & 0 & 1\end{bmatrix}\right)$$

6.3 最小二乗法による線形回帰

本節では線形代数の応用として代表的な、線形回帰について解説します。線形回帰は簡単にいえば観測したデータ点に最も近い直線を求めることです。その直線のパラメータを最小二乗法によって推定します。

6-3-1 単回帰

実験により観測された多くのデータがあり、それらがどのように関連しているのかを知りたいことがあります。例えば、n個のデータ点の集合(x_1, y_1), $(x_2, y_2), \ldots, (x_n, y_n)$があるとき、このデータ点から二つの変数$x$と$y$の間の数学的関係$y = f(x)$を求めたいとします。このとき、$y$を目的変数（response variable）、xを説明変数（explanatory variable）などと呼び、目的変数と説明変数の関係を表す線形の数学モデルを見つけることを線形回帰（linear regression）といいます。図6.2に示すように$\mathbb{R}^2$に複数のデータ点があるとします。これを見るとxとyの間には多少の誤差はあるにせよ、ほぼ直線的な関係があると推察できます。つまり、これらの点に最も確からしく当てはまる直線をどのように求めるかを考えましょう。そのような直線を求めることができれば、xのどの値に対してもyの値を予測することができます。

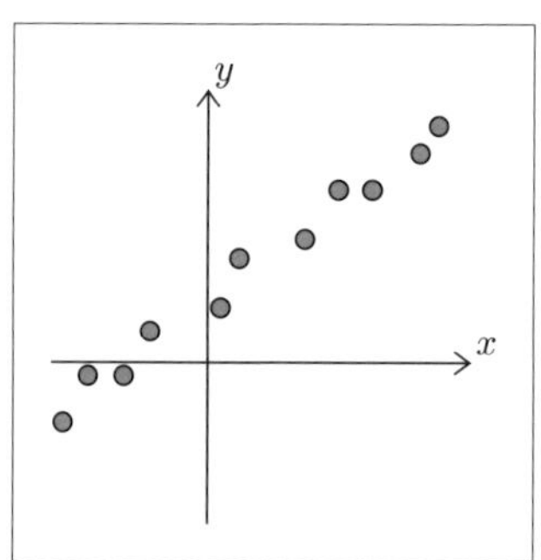

図6.2 $\mathbb{R}^2$上のデータ点

回帰直線（regression line）とも呼ばれる、データ点の集合に対して最も適合する直線を求めます。もしもデータ点がこの直線上にあれば、各データ点(x_i, y_i)について（式6.39）が成り立ちます。

$$y_i = \beta_0 + \beta_1 x_i \qquad \text{(式6.39)}$$

ここで、実数のβ_0とβ_1は直線の切片と傾きを表すパラメータです。しかし大抵のデータ点は直線から少し外れて存在しているものです。よって、データ点は（式6.40）で表すことになります。

$$y_i = \beta_0 + \beta_1 x_i + \epsilon_i \qquad \text{(式6.40)}$$

ここで、ϵ_iはi番目のデータ点の誤差（error）を表し、i番目の残差（residual）とも呼ばれます。このモデルではy方向にのみ誤差があると想定していることに注意してください。残差はデータ点がy方向に直線からどれだけ離れているかを表しています。

n個のデータ点があるとすれば（式6.41）のようなn個の方程式が得られます。

$$\begin{aligned} y_1 &= \beta_0 + \beta_1 x_1 + \epsilon_1 \\ y_2 &= \beta_0 + \beta_1 x_2 + \epsilon_2 \\ &\vdots \\ y_n &= \beta_0 + \beta_1 x_n + \epsilon_n \end{aligned} \qquad \text{(式6.41)}$$

$\boldsymbol{y}, X, \boldsymbol{\beta}, \boldsymbol{\epsilon}$を（式6.42）と定めます。

$$\boldsymbol{y} = \begin{bmatrix} y_1 \\ y_2 \\ \vdots \\ y_n \end{bmatrix},\ X = \begin{bmatrix} 1 & x_1 \\ 1 & x_2 \\ \vdots & \vdots \\ 1 & x_n \end{bmatrix},\ \boldsymbol{\beta} = \begin{bmatrix} \beta_0 \\ \beta_1 \end{bmatrix},\ \boldsymbol{\epsilon} = \begin{bmatrix} \epsilon_1 \\ \epsilon_2 \\ \vdots \\ \epsilon_4 \end{bmatrix} \qquad \text{(式6.42)}$$

これらを用いて（式6.41）を行列形式で表すと（式6.43）となります。

$$\boldsymbol{y} = \mathbf{X}\boldsymbol{\beta} + \boldsymbol{\epsilon} \qquad \text{(式6.43)}$$

ベクトル$\boldsymbol{y}$は与えられたxの値に対するyの観測値からなるので、観測ベクトル（observation vector）と呼ばれることもあります。行列$\mathbf{X}$は1とx_iを行とする$n \times 2$行列であり、計画行列（design matirx）と呼ばれます。$\boldsymbol{\beta}$はパラメータベクトル（parameter vector）と呼ばれ、二つの未知数β_0, β_1が成分です。そして$\boldsymbol{\epsilon}$を残差ベクトル（residual vector）と呼びます。

残差ベクトルが最小となる直線がデータに最もよく適合する直線です。$\boldsymbol{\beta}$は直線の切片と傾きを表すので、$\boldsymbol{\epsilon}$が最小となる$\boldsymbol{\beta}$の値を求めます。この$\boldsymbol{\beta}$を求めるさまざまな方法がありますが、一番自然な方法として$\boldsymbol{\epsilon}$の長さの2乗が最小となるように直線を選ぶ方法があります。この方法は最小二乗法 (least square method) と呼ばれます。

（式6.43）から$\boldsymbol{\epsilon} = \boldsymbol{y} - \mathbf{X}\boldsymbol{\beta}$であるので、残差ベクトルは$\boldsymbol{y}$と$\mathbf{X}\boldsymbol{\beta}$の間のベクトルです。つまり、$\mathbf{X}\boldsymbol{\beta}$が$\boldsymbol{y}$に最も近くなる$\boldsymbol{\beta}$を求めようとしています。最小化を達成する$\boldsymbol{\beta}$の推定値を$\hat{\boldsymbol{\beta}}$と表すことにします。

$\mathbf{X}\hat{\boldsymbol{\beta}}$は$\mathbf{X}$の列空間、つまり$\mathbb{R}^n$内の2次元部分空間（平面）に存在します。その平面上で$\mathbb{R}^n$の点$\boldsymbol{y}$に最も近い点を探すことになります。残差ベクトルが部分空間に最も近くなるのは、残差ベクトルが部分空間に対して垂直であるときです（図6.3）。部分空間は$\mathbf{X}$の列空間であることから、残差ベクトルは$\mathbf{X}$の全ての列に対して直交であるときに最小となります。

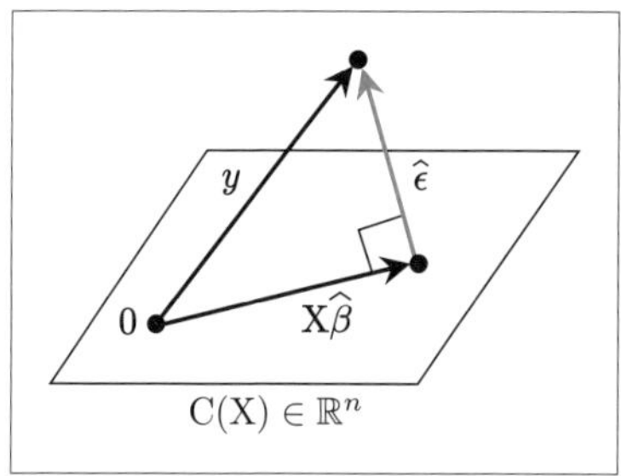

図6.3 残差ベクトルの長さは列空間に対して垂直なときに最小となる

残差ベクトルが$\mathbf{X}$の全ての列に直交するということは、$\mathbf{X}^\mathsf{T}$の全ての行に直交することを意味します。つまり、$\mathbf{X}^\mathsf{T}$に残差ベクトル$\boldsymbol{y} - \mathbf{X}\hat{\boldsymbol{\beta}}$を掛けたものがゼロベクトルになります。これは$\boldsymbol{y} - \mathbf{X}\hat{\boldsymbol{\beta}}$が$N\left(\mathbf{X}^\mathsf{T}\right)$にあるということです。よって、（式6.44）が得られます。

$$\mathbf{X}^\mathsf{T}\mathbf{X}\hat{\boldsymbol{\beta}} = \mathbf{X}^\mathsf{T}\boldsymbol{y} \tag{式6.44}$$

（式6.44）を正規方程式（normal equation）と呼びます。$\mathbf{X}^\mathsf{T}\mathbf{X}$はグラム行列（Gram matrix）と呼ばれます。グラム行列は必ず正方行列であり、$\mathbf{X}$の列が線形独立である場合に可逆行列になります。グラム行列が可逆行列であれば（式6.45）のように解を求めることができます。

$$\hat{\boldsymbol{\beta}} = (\mathbf{X}^\mathsf{T}\mathbf{X})^{-1}\mathbf{X}^\mathsf{T}\mathbf{Y} \tag{式6.45}$$

しかし、実際には$\mathbf{X}^\mathsf{T}$の逆行列を計算せず、ガウスの消去法によって正規方程式を解く方が簡単です。グラム行列と$\mathbf{X}^\mathsf{T}\hat{\boldsymbol{\beta}}$で拡大係数行列を作成し、それに対してガウスの消去法を行うことでベクトル$\hat{\boldsymbol{\beta}}$を求めることができます。

もしも$\mathbf{X}$をQR分解できれば、より数値的に安定した方法で$\boldsymbol{\beta}$を計算することができます。線形独立な列を持つ$m \times n$の行列はQR分解できることを思い出してください。ここで$\mathbf{Q}$は$m \times n$の直交行列、$\mathbf{R}$は可逆な上三角行列です。$\mathbf{X} = \mathbf{QR}$を（式6.44）に代入し、（式6.46）のように式を整理します。

$$
\begin{aligned}
(\mathbf{QR})^\top \mathbf{QR}\hat{\boldsymbol{\beta}} &= (\mathbf{QR})^\top \boldsymbol{y} \\
\mathbf{R}^\top \mathbf{Q}^\top \mathbf{QR}\hat{\boldsymbol{\beta}} &= \mathbf{R}^\top \mathbf{Q}^\top \boldsymbol{y} \\
\mathbf{R}^\top \hat{\boldsymbol{\beta}} &= \mathbf{R}^\top \mathbf{Q}^\top \boldsymbol{y} \\
\mathbf{R}\hat{\boldsymbol{\beta}} &= \mathbf{Q}^\top \boldsymbol{y}
\end{aligned}
\tag{式6.46}
$$

これをガウスの消去法で解くことで解$\hat{\boldsymbol{\beta}}$を得られます。必要であれば左から$\mathbf{R}^{-1}$を掛けて（式6.47）とすることもできます。

$$
\hat{\boldsymbol{\beta}} = \mathbf{R}^{-1}\mathbf{Q}^\top \boldsymbol{y} \tag{式6.47}
$$

それでは具体例として五つのデータ点$(1,1),(2,2),(3,4),(4,4),(5,6)$に対して回帰直線を求めてみましょう。$\mathbf{X}$と$\boldsymbol{y}$は（式6.48）のようになります。

$$
\mathbf{X} = \begin{bmatrix} 1 & 1 \\ 1 & 2 \\ 1 & 3 \\ 1 & 4 \\ 1 & 5 \end{bmatrix}, \quad \boldsymbol{y} = \begin{bmatrix} 1 \\ 2 \\ 4 \\ 4 \\ 6 \end{bmatrix} \tag{式6.48}
$$

残差ベクトル$\boldsymbol{\epsilon}$の長さを最小にする$\boldsymbol{\beta}$を求めます。グラム行列$\mathbf{X}^\top\mathbf{X}$は（式6.49）となります。

$$
\mathbf{X}^\top\mathbf{X} = \begin{bmatrix} 5 & 15 \\ 15 & 55 \end{bmatrix} \tag{式6.49}
$$

また、$\mathbf{X}^\top\boldsymbol{y}$を計算すると（式6.50）と求まります。

$$
\mathbf{X}^\top\boldsymbol{y} = \begin{bmatrix} 17 \\ 63 \end{bmatrix} \tag{式6.50}
$$

$\mathbf{X}^\top\mathbf{X}$の逆行列と$\mathbf{X}^\top\boldsymbol{y}$の積が推定値$\hat{\boldsymbol{\beta}}$です。

$$
\hat{\boldsymbol{\beta}} = \begin{bmatrix} 5 & 15 \\ 15 & 55 \end{bmatrix}^{-1} \begin{bmatrix} 17 \\ 63 \end{bmatrix} = \begin{bmatrix} -0.2 \\ 1.2 \end{bmatrix} \tag{式6.51}
$$

よって、データに最も適合する直線の式は（式6.52）となります。

$$y = -0.2 + 1.2x \quad \text{(式6.52)}$$

この例題の推定値$\hat{\beta}$をNumPyを用いて求めてみます。リスト6.6では計画行列$\mathbf{X}$と観測ベクトル$\boldsymbol{y}$を作成し、$\mathbf{X}^\top\mathbf{X}$と$\mathbf{X}^\top\boldsymbol{y}$を計算しています。

リスト6.6 $\mathbf{X}^\top\mathbf{X}$と$\mathbf{X}^\top\boldsymbol{y}$の計算

In

```
data = np.array([[1, 1],
                 [2, 2],
                 [3, 4],
                 [4, 4],
                 [5, 6]])

X = np.hstack((np.ones((data.shape[0], 1)), ➡
data[:, 0:1]))
y = data[:, 1:2]

X.T @ X, X.T @ y
```

Out

```
(array([[ 5., 15.],
        [15., 55.]]),
 array([[17.],
        [63.]]))
```

そして$\hat{\beta}$はリスト6.7のように求まります。

リスト6.7 推定値$\hat{\beta}$の計算

In

```
b = sla.solve(X.T @ X, X.T @ y)
b
```

Out

```
array([[-0.2],
       [ 1.2]])
```

推定したパラメータの直線を描くと、確かにかなりデータに適合しているように見えます（リスト6.8）。

リスト6.8 データ点と推定した回帰直線を可視化

In

```
import matplotlib.pyplot as plt

fig, ax= plt.subplots()

ax.plot(data[:, 0:1], data[:, 1:2], 'o')
ax.axline((0, b[0, 0]), slope=b[1, 0], color='k')
ax.set(xlabel=r'$x$', ylabel=r'$y$')
```

```
[Text(0.5, 0, '$x$'), Text(0, 0.5, '$y$')]
```

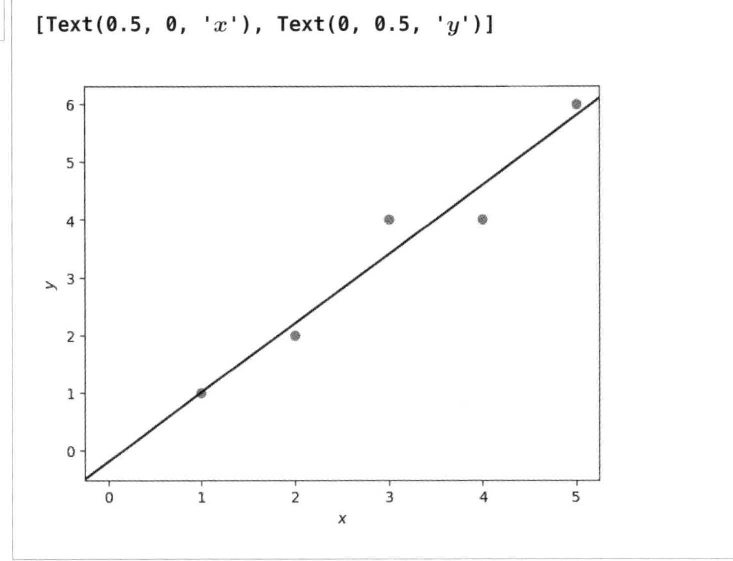

6-3-2 重回帰

先程は一つの目的変数yを一つの説明変数xで予測していたので単回帰（simple regression）といい、説明変数が複数であると重回帰（multiple regression）といいます。重回帰の例として一つの目的変数yと、複数の説明変数u, v, wがあるとしましょう。また、$i = 1, 2, \ldots, n$としてn個のデータ(u_i, v_i, w_i, y_i)が得られたとします。y_iとu_i, v_i, w_iの間に線形関係に近いものがあるとすれば、データ点は（式6.53）で表すことになります。

$$y_i = \beta_0 + \beta_u u_i + \beta_v v_i + \beta_w w_1 + \epsilon_i \qquad \text{(式6.53)}$$

$\beta_0, \beta_u, \beta_v, \beta_w$は未知の係数です。全てのデータ点について（式6.53）が成り立つので（式6.54）が得られます。

$$
\begin{aligned}
y_1 &= \beta_0 + \beta_u u_1 + \beta_v v_1 + \beta_w w_1 + \epsilon_1 \\
y_2 &= \beta_0 + \beta_u u_2 + \beta_v v_2 + \beta_w w_2 + \epsilon_2 \\
&\vdots \\
y_n &= \beta_0 + \beta_u u_n + \beta_v v_n + \beta_w w_n + \epsilon_n
\end{aligned}
\tag{式6.54}
$$

$\boldsymbol{y}, X, \boldsymbol{\beta}, \boldsymbol{\epsilon}$を（式6.55）と定めます。

$$
\boldsymbol{y} = \begin{bmatrix} y_1 \\ y_2 \\ \vdots \\ y_n \end{bmatrix}, \quad X = \begin{bmatrix} 1 & u_1 & v_1 & w_1 \\ 1 & u_2 & v_2 & w_2 \\ \vdots & \vdots & \vdots & \vdots \\ 1 & u_n & v_n & w_n \end{bmatrix}, \quad \boldsymbol{\beta} = \begin{bmatrix} \beta_0 \\ \beta_u \\ \beta_v \\ \beta_w \end{bmatrix}, \quad \boldsymbol{\epsilon} = \begin{bmatrix} \epsilon_1 \\ \epsilon_2 \\ \vdots \\ \epsilon_n \end{bmatrix}
\tag{式6.55}
$$

これらを用いて（式6.54）は行列形式で（式6.56）のように表せます。

$$
\boldsymbol{y} = \mathbf{X}\boldsymbol{\beta} + \boldsymbol{\epsilon}
\tag{式6.56}
$$

あとは先程と同じように正規方程式が得られるので、（式6.57）のように推定値$\hat{\boldsymbol{\beta}}$を求めることができます。

$$
\hat{\boldsymbol{\beta}} = (\mathbf{X}^\top \mathbf{X})^{-1} \mathbf{X}^\top \boldsymbol{y}
\tag{式6.57}
$$

第7章 固有値と固有ベクトル

固有値は行列の性質を表す重要な指標です。本章では固有値・固有ベクトルの定義と、具体的な計算方法を解説します。また、固有ベクトルを基底とすることで行列を対角化する方法などについても学びます。

7.1 固有値と固有ベクトル

本節では固有値・固有ベクトルの定義と幾何学的な解釈を説明します。

7-1-1 固有値問題

$n \times n$行列$\mathbf{A}$に対して、（式7.1）の条件を満たすスカラーλと非ゼロベクトル$\boldsymbol{x}$を見つける問題を固有値問題（eigenvalue problem）と呼びます。

$$\mathbf{A}\boldsymbol{x} = \lambda\boldsymbol{x} \tag{式7.1}$$

これは$\mathbf{A}$を$n \times n$行列としたとき、$\mathbf{A}\boldsymbol{x}$が$\boldsymbol{x}$のスカラー倍となるような非ゼロベクトルが$\mathbb{R}^n$の中に存在するか、という問題を表しています。スカラーλを行列$\mathbf{A}$の固有値（eigenvalue）と呼び、非ゼロベクトル$\boldsymbol{x}$を固有値λに付随する固有ベクトル（eigenvector）と呼びます。固有値は単なる数値であり、負の値やゼロであることもあります。しかし、固有ベクトルがゼロベクトルであることは、（式7.1）がどんな固有値でも成立するので禁止されています。

まずは固有値と固有ベクトルの幾何学的な解釈を解説します。いつものように$\mathbb{R}^2$のベクトル空間を例に考えてみましょう。一般に行列$\mathbf{A}$が表す線形変換はベクトルの方向と長さを変えます。しかし 図7.1 に示すように、場合によってはベクトルの長さが変わるだけで方向が同じになることもあります。このような$\boldsymbol{x}$が固有ベクトルであり、$\boldsymbol{x}$と$\mathbf{A}\boldsymbol{x}$が表す矢印は平行に並びます。

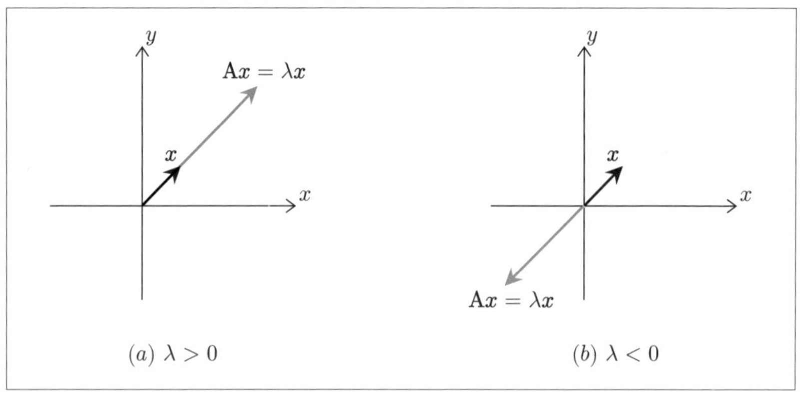

図7.1 固有ベクトル$\boldsymbol{x}$は$\mathbf{A}\boldsymbol{x}$と平行に並ぶ

（式7.2）の2×2行列$\mathbf{A}$があるとしましょう。

$$\mathbf{A} = \begin{bmatrix} 3 & -1 \\ -1 & 3 \end{bmatrix} \quad \text{(式7.2)}$$

この$\mathbf{A}$によって（式7.3）のベクトル$\boldsymbol{v}$を線形変換してみます。

$$\boldsymbol{v} = \begin{bmatrix} 1 \\ 1 \end{bmatrix} \quad \text{(式7.3)}$$

すると$\mathbf{A}\boldsymbol{v}$は（式7.4）のようになります。

$$\mathbf{A}\boldsymbol{v} = \begin{bmatrix} 2 \\ 2 \end{bmatrix} = 2\boldsymbol{v} \quad \text{(式7.4)}$$

図7.2 はこの例の線形変換を可視化したものであり、$\boldsymbol{v}$と$\mathbf{A}\boldsymbol{v}$の方向は同じです。また、$\mathbf{A}\boldsymbol{v}$の長さは$\boldsymbol{v}$の長さの2倍になっています。よって、$\lambda = 2$は$\mathbf{A}$の固有値であり、$\boldsymbol{v} = (1, 1)$は固有値に付随する固有ベクトルであるとわかります。

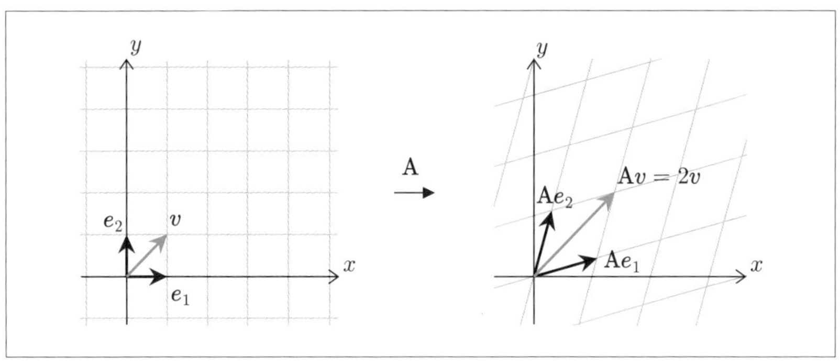

図7.2 線形変換で標準基底ベクトルの方向は変わるが、固有ベクトルは方向が変わらない

7-1-2 固有値と固有ベクトルの求め方

$n \times n$行列$\mathbf{A}$の固有値と固有ベクトルを求める方法を解説します。まずは（式7.1）を（式7.5）のように変形します。

$$(\mathbf{A} - \lambda\mathbf{I})\,\boldsymbol{x} = 0 \quad \text{(式7.5)}$$

ここで、$\mathbf{I}$は$n \times n$の単位行列です。（式7.5）は係数行列が可逆行列でないときに非自明解を持ちます。そのため、（式7.5）は（式7.6）となる場合に限り非自明解を持ちます。

$$\det(\mathbf{A} - \lambda \mathbf{I}) = 0 \tag{式7.6}$$

（式7.6）の左辺はλに関する次数nの多項式となります。その多項式は各項の係数を$a_0, a_1, \ldots, a_n$として（式7.7）のように表されます。

$$\begin{aligned} p_{\mathbf{A}}(\lambda) &= \det(\mathbf{A} - \lambda \mathbf{I}) \\ &= a_n \lambda^n + a_{n-1}\lambda^{n-1} + \cdots + a_1 \lambda + a_0 \end{aligned} \tag{式7.7}$$

この$p_{\mathbf{A}}(\lambda)$は$\mathbf{A}$の固有多項式や特性多項式（characteristic polynomial）と呼ばれ、$p_{\mathbf{A}}(\lambda) = 0$は$\mathbf{A}$の固有方程式や特性方程式（characteristic equation）と呼ばれます。$p_{\mathbf{A}}(\lambda)$はn個の根を持ちます。ある根が複素数であれば、その複素共役も根です。そのほか、多項式の根は重複する（重根が存在する）こともあります。

（式7.2）の行列$\mathbf{A}$の固有値と固有ベクトルを全て求めてみましょう。（式7.8）が$\mathbf{A}$の特性多項式です。

$$\begin{aligned} \det\left(\begin{bmatrix} 3-\lambda & -1 \\ -1 & 3-\lambda \end{bmatrix}\right) &= (3-\lambda)^2 - 1 \\ &= \lambda^2 - 6\lambda + 8 \\ &= (\lambda - 2)(\lambda - 4) \end{aligned} \tag{式7.8}$$

この式の根が$\mathbf{A}$の固有値なので、固有値は$\lambda_1 = 2$および$\lambda_2 = 4$と求まります。それでは次に$\lambda_1 = 2$に付随する固有ベクトル$\boldsymbol{x}_1 = (x_1, y_1)$を求めます。$\lambda_1$と$\boldsymbol{x}_1$が（式7.5）を満たす必要があるので、（式7.9）が成り立ちます。

$$\begin{bmatrix} 3-2 & -1 \\ -1 & 3-2 \end{bmatrix} \boldsymbol{x}_1 = \begin{bmatrix} 1 & -1 \\ -1 & 1 \end{bmatrix} \begin{bmatrix} x_1 \\ y_1 \end{bmatrix} = \begin{bmatrix} 0 \\ 0 \end{bmatrix} \tag{式7.9}$$

この式が非自明解を持つことから（式7.10）が得られます。

$$x_1 - y_1 = 0 \tag{式7.10}$$

（式7.10）の関係を満たすベクトル全てが固有ベクトルです。これはy_1を自由変数とすれば（式7.11）のように表すことができます。

$$\begin{bmatrix} x_1 \\ y_1 \end{bmatrix} = \begin{bmatrix} y_1 \\ y_1 \end{bmatrix} = y_1 \begin{bmatrix} 1 \\ 1 \end{bmatrix} \tag{式7.11}$$

よって、スカラー$c \neq 0$を用いて固有ベクトル$\boldsymbol{x}_1$は（式7.12）と求まります。

$$\boldsymbol{x}_1 = c\begin{bmatrix}1\\1\end{bmatrix} \tag{式7.12}$$

固有ベクトルは一つではなく、$(1,1)$のc倍全てが固有ベクトルです。そのため、固有ベクトルでは方向が重要です。

同様に$\lambda_2 = 4$に付随する固有ベクトルは、（式7.13）が持つ非自明解$\boldsymbol{x}_2$です。

$$\begin{bmatrix}3-4 & -1\\ -1 & 3-4\end{bmatrix}\boldsymbol{x}_2 = \begin{bmatrix}-1 & -1\\ -1 & -1\end{bmatrix}\begin{bmatrix}x_2\\ y_2\end{bmatrix} = \begin{bmatrix}0\\0\end{bmatrix} \tag{式7.13}$$

$\boldsymbol{x}_1$を求めるのと同じ手順により、$\boldsymbol{x}_2$は（式7.14）と求まります。

$$\boldsymbol{x}_2 = c\begin{bmatrix}-1\\1\end{bmatrix} \tag{式7.14}$$

図7.2 に示したように、この例題の線形変換では標準基底のベクトル$\boldsymbol{e}_1$と$\boldsymbol{e}_2$を辺とする正方形の格子が、$\mathbf{A}\boldsymbol{e}_1$と$\mathbf{A}\boldsymbol{e}_2$を辺とする平行四辺形の格子に変換されます。一般に、標準基底ベクトルの格子が線形変換によって回転したりするのは普通のことです。ここで、$\mathbf{A}$の固有ベクトルを辺とする格子がどのように変換されるかを見てみましょう。図7.3 に示すように、固有ベクトルの格子は線形変換で伸縮するだけであり、回転したり歪むことはありません。

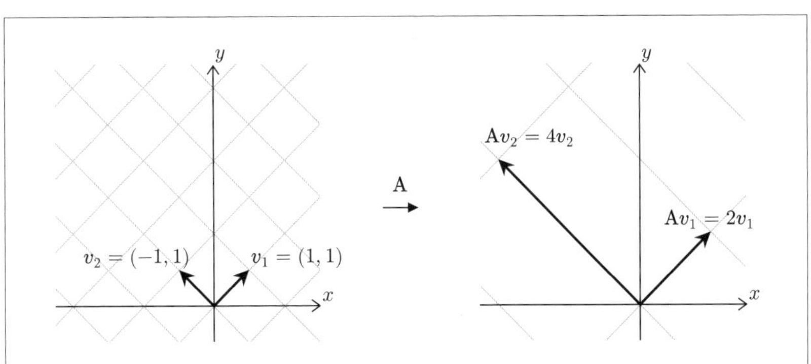

図7.3 （式7.2）の行列$\mathbf{A}$によって移された固有ベクトル

特殊な行列の場合には固有値を簡単に求めることができます。行列$\mathbf{A}$が上三角行列の場合、$\mathbf{A} - \lambda\mathbf{I}$も上三角形です。そのため、特性多項式は$\mathbf{A} - \lambda\mathbf{I}$の対角成分の積になります。つまり、上三角行列の固有値は計算するまでもなく対角成分だけなのです。

スカラー$c \neq 0$として、$\mathbf{A}$の固有値λに付随する固有ベクトルの一つが$\boldsymbol{x}$であれば、（式7.15）が示すように$c\boldsymbol{x}$は$\mathbf{A}$の固有ベクトルであるとわかります。

$$\mathbf{A}(c\boldsymbol{x}) = c\mathbf{A}\boldsymbol{x} = c(\lambda\boldsymbol{x}) = \lambda(c\boldsymbol{x}) \quad \text{（式7.15）}$$

このことから、固有値λに付随する固有ベクトルの集合は部分空間であると予想できます。ゼロベクトルと合わせてλに付随する固有ベクトルは、固有空間(eigenspace)と呼ばれる部分空間を形成します。ゼロベクトル、そして固有値λに付随する全ての固有ベクトルからなる集合をSとします。この仮定より$\mathbf{0} \in S$です。また既に、$\boldsymbol{x}$がλに付随する固有ベクトルであるならば、任意の$c \neq 0$に対して$c\boldsymbol{x}$も固有ベクトルであることは示しました。$\boldsymbol{x}_1$と$\boldsymbol{x}_2$が$\mathbf{A}$の固有ベクトルである場合には（式7.16）の関係が成り立ちます。

$$\mathbf{A}(\boldsymbol{x}_1 + \boldsymbol{x}_2) = \mathbf{A}\boldsymbol{x}_1 + \mathbf{A}\boldsymbol{x}_2 = \lambda(\boldsymbol{x}_1 + \boldsymbol{x}_2) \quad \text{（式7.16）}$$

よって、$\boldsymbol{x}_1 + \boldsymbol{x}_2 \in S$です。以上のように$S$は部分空間の三つの性質を満たしています。

固有値と固有ベクトルには、異なる固有値に付随する固有ベクトルの集合$\{\boldsymbol{x}_1, \boldsymbol{x}_2, \ldots, \boldsymbol{x}_i\}$は線形独立であるという重要な性質があります。これらの固有ベクトルが線形独立であれば、（式7.17）が$c_1 = c_2 = \cdots = c_i = 0$でないと成立しないはずです。

$$c_1\boldsymbol{x}_1 + c_2\boldsymbol{x}_2 + \cdots + c_i\boldsymbol{x}_i = 0 \quad \text{（式7.17）}$$

これに左から$\mathbf{A}$を掛ければ、$\mathbf{A}\boldsymbol{x}_i = \lambda_i\boldsymbol{x}_i$なので（式7.18）になります。

$$c_1\lambda_1\boldsymbol{x}_1 + c_2\lambda_2\boldsymbol{x}_2 + \cdots + c_i\lambda_i\boldsymbol{x}_i = 0 \quad \text{（式7.18）}$$

（式7.17）のλ_i倍を（式7.18）から引くと、$\boldsymbol{x}_i$を含まない（式7.19）が得られます。

$$\begin{aligned} c_1(\lambda_1 - \lambda_i)\boldsymbol{x}_1 + c_2(\lambda_2 - \lambda_i)\boldsymbol{x}_2 + \cdots \\ + c_{i-1}(\lambda_{i-1} - \lambda_i)\boldsymbol{x}_{i-1} = 0 \end{aligned} \quad \text{（式7.19）}$$

続いて（式7.19）に左から$\mathbf{A}$を掛ければ（式7.20）になります。

$$\begin{aligned} c_1(\lambda_1 - \lambda_i)\lambda_1\boldsymbol{x}_1 + c_2(\lambda_2 - \lambda_i)\lambda_2\boldsymbol{x}_2 + \cdots \\ + c_{i-1}(\lambda_{i-1} - \lambda_i)\lambda_{i-1}\boldsymbol{x}_{i-1} = 0 \end{aligned} \quad \text{（式7.20）}$$

同様に（式7.19）のλ_{i-1}倍を（式7.20）から引くと、$\boldsymbol{x}_{i-1}$の項が消えて（式7.21）が得られます。

$$
\begin{aligned}
&c_1(\lambda_1-\lambda_i)(\lambda_1-\lambda_{i-1})\boldsymbol{x}_1 \\
&+c_2(\lambda_2-\lambda_i)(\lambda_2-\lambda_{i-1})\boldsymbol{x}_2+\cdots \\
&+c_{i-2}(\lambda_{i-2}-\lambda_i)(\lambda_{i-2}-\lambda_{i-1})\boldsymbol{x}_{i-2}=0
\end{aligned}
\tag{式7.21}
$$

この操作を続けると最終的には（式7.22）が求まります。

$$
c_1(\lambda_1-\lambda_i)(\lambda_1-\lambda_{i-1})\cdots(\lambda_1-\lambda_2)\boldsymbol{x}_1=0 \tag{式7.22}
$$

固有値が相異である仮定から、（式7.22）は$c_1=0$であるときに成り立つとわかります。同様の方法で$c_2=c_3=\cdots=c_i=0$と示せるので、$\{\boldsymbol{x}_1,\boldsymbol{x}_2,\ldots,\boldsymbol{x}_i\}$は線形独立です。

最後にPythonを使って固有値を求める方法を説明します。NumPyの配列から固有値、固有ベクトルを求めるには、SciPyの**linalg.eigvals**と**linalg.eig**関数を使用します。NumPyの**linalg**モジュールにも同名の関数がありますが、SciPy版の方がオプションが豊富です。**linalg.eigvals**関数は固有値をまとめた1次元の配列を返します。リスト7.1を実行すると、（式7.2）の行列**A**の固有値が2と4であることを確認できます。

リスト7.1 **linalg.eigvals**関数で求める固有値

In

```
import numpy as np
from scipy import linalg as sla


A = np.array([[3, -1],
              [-1, 3]])


sla.eigvals(A)
```

Out

```
array([4.+0.j, 2.+0.j])
```

linalg.eig関数は固有値と、各固有値に付随する固有ベクトル（固有空間の基底）をまとめた配列を返します（リスト7.2）。なお、基底ベクトルには長さが1の固有ベクトルが選ばれます。長さが1の固有ベクトルは正規固有ベクトル（normalized eigenvector）と呼ばれます。

リスト7.2 **linalg.eig**関数で求める固有値、固有ベクトル

In
```
sla.eig(A)
```

Out
```
(array([4.+0.j, 2.+0.j]),
 array([[ 0.70710678,  0.70710678],
        [-0.70710678,  0.70710678]]))
```

SymPyでは**Matrix**クラスの**eigenvals**と**eigenvects**メソッドを用いて行列の固有値と固有ベクトルを求められます。**eigenvals**メソッドはキーを固有値、値を対応する重複度とする辞書を返します（リスト7.3）。この例の固有値は2と4であり、それぞれの重複度は1です。

リスト7.3 **eigenvals**メソッドで求める固有値

In
```
import sympy as sy
sy.init_printing()

A = sy.Matrix(A)

A.eigenvals()
```

Out

$$\{2:1,\ 4:1\}$$

eigenvectsメソッドの返す値は、固有値、固有値の重複度、固有ベクトル（固有空間の基底）のリストです（リスト7.4）。

リスト7.4 **eigenvects**メソッドで求める固有値、固有ベクトル

In
```
A.eigenvects()
```

Out

$$\left[\left(2,\ 1,\ \left[\left[\begin{matrix}1\\1\end{matrix}\right]\right]\right),\ \left(4,\ 1,\ \left[\left[\begin{matrix}-1\\1\end{matrix}\right]\right]\right)\right]$$

7-1-3 重複度

続いて、特性多項式が重根を持つ例を示します。行列$\mathbf{A}$が（式7.23）であるとします。

$$\mathbf{A} = \begin{bmatrix} 5 & -6 & 3 \\ 3 & 3 & -4 \\ 3 & -4 & 3 \end{bmatrix} \tag{式7.23}$$

この行列の特性多項式は（式7.24）となります。

$$(\lambda - 2)^2 (\lambda - 7) \tag{式7.24}$$

よって、$\lambda_1 = 2$は重根です。$\lambda_1 = 2$に対応する固有ベクトル$\boldsymbol{x}_1$は（式7.25）の非自明解です。

$$\begin{bmatrix} 3 & -6 & 3 \\ 3 & 1 & -4 \\ 3 & -4 & 1 \end{bmatrix} \begin{bmatrix} x_1 \\ y_1 \\ z_1 \end{bmatrix} = \begin{bmatrix} 0 \\ 0 \\ 0 \end{bmatrix} \tag{式7.25}$$

行列$\mathbf{A}$の簡約行列は（式7.26）となります。

$$\begin{bmatrix} 1 & -2 & 1 \\ 0 & 1 & -1 \\ 0 & 0 & 0 \end{bmatrix} \tag{式7.26}$$

このことから固有ベクトルの成分は（式7.27）を満たすとわかります。

$$\begin{aligned} x_1 - 2y_1 + z_1 &= 0 \\ y_1 - z_1 &= 0 \end{aligned} \tag{式7.27}$$

以上から固有ベクトルは$c \neq 0$として（式7.28）と求まります。

$$\boldsymbol{x}_1 = c \begin{bmatrix} 1 \\ 1 \\ 1 \end{bmatrix} \tag{式7.28}$$

重複度kの固有値に付随する固有ベクトルはk個の線形独立なベクトルからなる場合があります。係数行列が（式7.29）の例を見てみましょう。

$$\mathbf{A} = \begin{bmatrix} 1 & 1 & 1 \\ 1 & 1 & 1 \\ 1 & 1 & 1 \end{bmatrix} \tag{式7.29}$$

この行列の特性多項式は（式7.30）です。

$$\lambda^2(\lambda - 3) \tag{式7.30}$$

固有値$\lambda_1 = 0$は（式7.30）の重根です。$\lambda_1 = 0$の場合、固有ベクトルは（式7.31）の非自明解です。なお、（式7.31）の係数行列は$\mathbf{A}$の簡約行列としています。

$$\begin{bmatrix} 1 & 1 & 1 \\ 0 & 0 & 0 \\ 0 & 0 & 0 \end{bmatrix} \begin{bmatrix} x_1 \\ y_1 \\ z_1 \end{bmatrix} = \begin{bmatrix} 0 \\ 0 \\ 0 \end{bmatrix} \tag{式7.31}$$

よって、（式7.32）の関係を満たすベクトル全てが固有ベクトルです。

$$x_1 + y_1 + z_1 = 0 \tag{式7.32}$$

この関係から、$c \neq 0$と$d \neq 0$を用いて固有ベクトルは（式7.33）で表されます。

$$\boldsymbol{x}_1 = c \begin{bmatrix} -1 \\ 1 \\ 0 \end{bmatrix} + d \begin{bmatrix} -1 \\ 0 \\ 1 \end{bmatrix} \tag{式7.33}$$

$(-1, 1, 0)$と$(-1, 0, 1)$は線形独立な固有ベクトルであり、固有空間の基底ベクトルです。なお、（式7.29）の行列$\mathbf{A}$は対称行列でした。$n \times n$の実行列が対称である場合、その特性方程式が重複度2以上の根を持っていても、必ずn個の線形独立な固有ベクトルを持ちます。

一般に、$n \times n$行列の固有値λ_iが固有多項式の重複度m_iの重根であるとき、m_iを固有値の代数的重複度（algebraic multiplicity）と呼びます。代数的重複度の総和はn以下になります。なぜなら、重複度を持つ実数の固有値の数は最大でもnであり、複素固有値がある場合はそれよりも少なくなるからです。

また、固有値λ_iに対する固有空間の次元を、幾何学的重複度（geometric multiplicity）と呼びます。λ_iの幾何学的重複度は、常にλ_iの代数的重複度と等しいか、それより小さくなります。つまり、固有値の代数的重複度がm_iであっても、固有空間の次元がm_iより小さいこともあるということです。（式7.23）の行列は代数的重複度が2であっても、固有空間の次元が1でした。

もう少し固有値と行列式の関係を深く見てみましょう。（式7.6）から$\lambda = 0$であれば$\det(\mathbf{A}) = \mathbf{0}$となり、行列$\mathbf{A}$が可逆行列ではないことがわかります。$n \times n$行列$\mathbf{A}$が可逆行列でなければ$\mathbf{A}\boldsymbol{x} = \mathbf{0}$は非自明解を持ちます。このことから（式7.34）が成り立ちます。

$$\mathbf{A}\boldsymbol{x} = \mathbf{0} = 0\boldsymbol{x} \qquad \text{(式7.34)}$$

この式から$\mathbf{A}$が可逆行列でないときの固有値は$\lambda = 0$であるとわかります。逆に、$\mathbf{A}$が固有値$\lambda = 0$を持つならば、（式7.35）となる固有ベクトル$\boldsymbol{x}$が存在します。

$$\mathbf{A}\boldsymbol{x} = \lambda\boldsymbol{x} = \mathbf{0} \qquad \text{(式7.35)}$$

つまり、$\mathbf{A}\boldsymbol{x} = \mathbf{0}$に非自明解が存在します。

次に、$n \times n$行列$\mathbf{A}$の全ての固有値$\lambda_1, \lambda_2, \ldots, \lambda_n$が相異であると仮定します。これは$k \neq j$において$\lambda_k \neq \lambda_j$ということです。一般に$n$次多項式は$n$個の積による因数分解が可能であり、（式7.7）は（式7.36）のように表せます。

$$\begin{aligned} p_{\mathbf{A}}(\lambda) &= \det(\mathbf{A} - \lambda\mathbf{I}) \\ &= (-1)^n (\lambda - \lambda_1)(\lambda - \lambda_2)\ldots(\lambda - \lambda_n) \end{aligned} \qquad \text{(式7.36)}$$

（式7.36）に$\lambda = 0$を代入することで（式7.37）が得られます。

$$\det(\mathbf{A}) = (-1)^n (-1)^n \lambda_1 \lambda_2 \ldots \lambda_n = \prod_{i=1}^{n} \lambda_i \qquad \text{(式7.37)}$$

この式より、$\mathbf{A}$の行列式は$\mathbf{A}$の固有値全ての積に等しいことがわかります。ここで、固有値に重複がある場合を考えてみます。この場合、$p_{\mathbf{A}}(\lambda)$は重複度をkとして$(\lambda - \lambda_i)^k$の形となる因数を持ちます。重複するk個の固有値を（式7.38）のように表すとします。

$$\lambda_{i1} = \lambda_{i2} = \cdots = \lambda_{ik} \qquad \text{(式7.38)}$$

この表現を用いれば$p_{\mathbf{A}}(\lambda)$は（式7.39）の因数を持ちます。

$$(\lambda - \lambda_{i1})(\lambda - \lambda_{i2})\ldots(\lambda - \lambda_{ik}) \qquad \text{(式7.39)}$$

つまり、固有値に重複があったとしても（式7.36）は成り立ちます。

行列の行列式が固有値の積に等しいという性質は幾何学的にも解釈しやすいです。$n \times n$行列$\mathbf{A}$がn個の異なる固有値を持つ場合、固有値は$\mathbf{A}$が空間をn個の異なる方向にどれだけ伸縮させるかを表します。よって、n個の固有値の積は$\mathbf{A}$が全体として空間を何倍に伸縮させるかを表します。（式7.2）の行列$\mathbf{A}$を例にすれば、固有値が2と4なので行列式は$2 \times 4 = 8$となります（図7.4）。

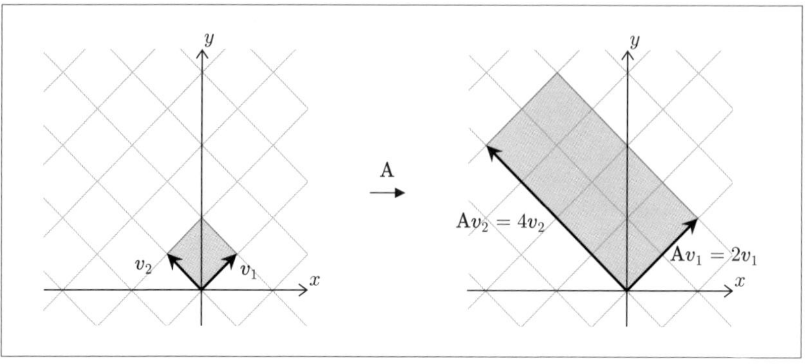

図7.4 2×2行列$\mathbf{A}$の固有値が2と4であるため、行列式は$2 \times 4 = 8$となる

7.2 対角化

本節では行列の対角化についてまとめます。行列を対角化することで行列のべき乗が簡単に計算できるといった利点があります。

7-2-1 基底変換

ある問題に適した基底が別の問題には適していないことがあるため、基底を変換する方法を知っておく必要があります。基底の重要な点は、$\mathbb{R}^n$の任意のベクトルを基底ベクトルの線形結合として一意に表せることです。その線形結合の係数は基底に対するベクトルの座標と呼ばれます。基底は$\mathbb{R}^2$や$\mathbb{R}^3$における座標系をベクトル空間に一般化したものなので、基底を変えることは座標軸を変えることに似ています。

例えば、$\mathbb{R}^2$において標準基底は$B = \{\boldsymbol{e}_1, \boldsymbol{e}_2\}$です。図7.5のように標準基底は水平と垂直の格子線の集合を生成します。この格子線から点の座標を読み取ることができます。

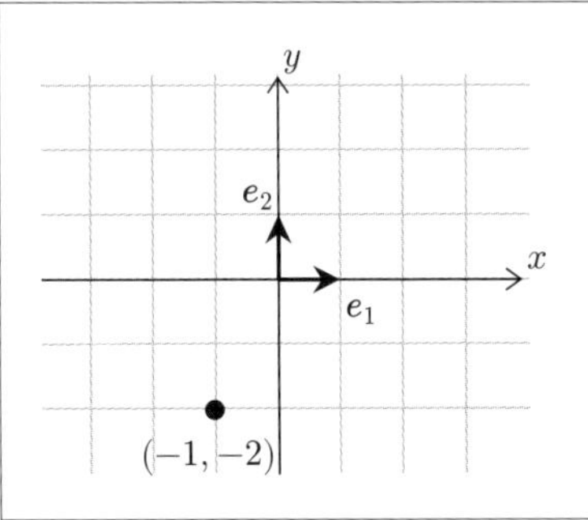

図7.5 標準基底Bにおける点の座標$(-1,-2)$

座標を読み取ると$(-1,-2)$であり、これを（式7.40）のように表します。

$$[\boldsymbol{v}]_B = \begin{bmatrix} -1 \\ -2 \end{bmatrix} \quad \text{(式7.40)}$$

つまり、点のベクトルは（式7.41）の線形結合だということです。

$$\begin{bmatrix} -1 \\ -2 \end{bmatrix} = -\boldsymbol{e}_1 - 2\boldsymbol{e}_2 \quad \text{(式7.41)}$$

では別の基底を用いてこの点の座標を求めてみましょう。標準基底での$(-1,-2)$座標を新しい基底で表現するということです。ベクトル$\boldsymbol{w}_1 = (-2, -1)$と$\boldsymbol{w}_2 = (-1, 1)$を基底ベクトルに選び、新しい基底を$C = \{\boldsymbol{w}_1, \boldsymbol{w}_2\}$と表現します。図7.6から基底$C$では点の座標は$(1,-1)$となることがわかります。

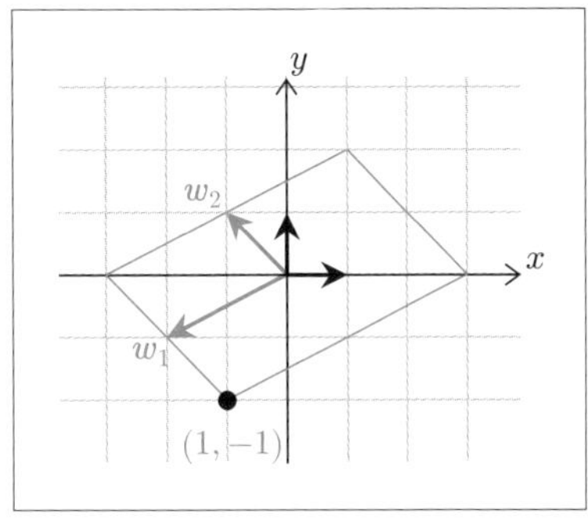

図7.6 基底Cにおける点の座標$(1,-1)$

$(1,-1)$が$\boldsymbol{w}_1$と$\boldsymbol{w}_2$の係数であり、これを（式7.42）のように表します。

$$[\boldsymbol{v}]_C = \begin{bmatrix} 1 \\ -1 \end{bmatrix} \quad \text{(式7.42)}$$

つまり、基底Cを用いれば点のベクトルは（式7.43）の線形結合となります。

$$\begin{bmatrix} 1 \\ -1 \end{bmatrix} = \boldsymbol{w}_1 - \boldsymbol{w}_2 \quad \text{(式7.43)}$$

（式7.41）と（式7.43）を行列形式で表現することで（式7.44）が得られます。

$$\begin{bmatrix} -2 & -1 \\ -1 & 1 \end{bmatrix} \begin{bmatrix} 1 \\ -1 \end{bmatrix} = \begin{bmatrix} 1 & 0 \\ 0 & 1 \end{bmatrix} \begin{bmatrix} -1 \\ -2 \end{bmatrix} = \begin{bmatrix} -1 \\ -2 \end{bmatrix} \quad \text{(式7.44)}$$

これを行列記号で表せば（式7.45）のようになります。

$$\mathbf{P}[\boldsymbol{v}]_C = \mathbf{I}[\boldsymbol{v}]_B = [\boldsymbol{v}]_B \quad \text{(式7.45)}$$

行列$\mathbf{P}$は基底Cの基底ベクトルを列に配置した行列です。一般に新基底の基底ベクトルから作成した$\mathbf{P}$と新基底での座標の積は、標準基底での座標になります。また逆に、標準基底の座標を新基底の座標に変換するには$\mathbf{P}^{-1}$を左から掛ければよいのです。よって、可逆行列$\mathbf{P}$は基底変換を表す行列と解釈できるのです。

7-2-2 対角化

$n \times n$の行列$\mathbf{A}$がn個の線形独立な固有ベクトル$\boldsymbol{x}_1, \boldsymbol{x}_2, \ldots, \boldsymbol{x}_n$を持つと仮定します。これらを基底ベクトルとした場合、基底を変換する行列$\mathbf{P}$を（式7.46）のように定義できます。

$$\mathbf{P} = \begin{bmatrix} \boldsymbol{x}_1 & \boldsymbol{x}_2 & \cdots & \boldsymbol{x}_n \end{bmatrix} \quad \text{(式7.46)}$$

次に、固有値を対角成分とする対角行列$\mathbf{D}$を（式7.47）とします。$\mathbf{D}$の成分は対角成分を除くと全て0です。

$$\mathbf{D} = \mathrm{diag}\left(\lambda_1, \lambda_2, \ldots, \lambda_n\right) \quad \text{(式7.47)}$$

$\mathbf{P}$と$\mathbf{D}$には（式7.48）のような関係が成り立ちます。

$$\mathbf{AP} = \mathbf{PD} \quad \text{(式7.48)}$$

この式は固有値問題の方程式$\mathbf{A}\boldsymbol{x}_i = \lambda_i \boldsymbol{x}_i$を表現しています。$\mathbf{AP}$は$\mathbf{A}\boldsymbol{x}_i$を列とする行列です。また、固有ベクトルの性質から$\mathbf{AP}$は$\lambda_i \boldsymbol{x}_i$を列とする行列であることもわかります。よって（式7.49）のように（式7.48）が成り立つことを証明できます。

$$
\begin{aligned}
\mathbf{AP} &= \mathbf{A}\begin{bmatrix}\boldsymbol{x}_1 & \boldsymbol{x}_2 & \cdots & \boldsymbol{x}_n\end{bmatrix} \\
&= \begin{bmatrix}\mathbf{A}\boldsymbol{x}_1 & \mathbf{A}\boldsymbol{x}_2 & \cdots & \mathbf{A}\boldsymbol{x}_n\end{bmatrix} \\
&= \begin{bmatrix}\lambda_1\boldsymbol{x}_1 & \lambda_2\boldsymbol{x}_2 & \cdots & \lambda_n\boldsymbol{x}_n\end{bmatrix} \\
&= \begin{bmatrix}\boldsymbol{x}_1 & \boldsymbol{x}_2 & \cdots & \boldsymbol{x}_n\end{bmatrix}\begin{bmatrix}\lambda_1 & & & \\ & \lambda_2 & & \\ & & \ddots & \\ & & & \lambda_n\end{bmatrix} \\
&= \mathbf{PD}
\end{aligned}
\qquad \text{(式7.49)}
$$

$\{\boldsymbol{x}_1, \boldsymbol{x}_2, \ldots, \boldsymbol{x}_n\}$は線形独立であることから$\mathbf{P}$は可逆行列です。(式7.48)の左から$\mathbf{P}^{-1}$を掛けることで(式7.50)が得られます。

$$
\mathbf{P}^{-1}\mathbf{AP} = \mathbf{D} \qquad \text{(式7.50)}
$$

(式7.50)を満たす可逆行列$\mathbf{P}$が存在する場合、行列$\mathbf{A}$は対角化可能(diagonalizable)であるといいます。このとき$\mathbf{P}$の列は$\mathbf{A}$の固有ベクトルであり、対角行列$\mathbf{D}$の対角成分は固有値となるわけです。行列の固有ベクトルを用いて行列を固有値の対角行列に変換することを対角化(diagonalize)と呼びます。

$n \times n$行列$\mathbf{A}$が対角化可能であるには、$\mathbf{P}$が可逆行列でなければいけません。このことから、$\mathbf{A}$がn個の線形独立の固有ベクトルを持つことが対角化可能の条件になります。$\mathbf{A}$がn個の相異な実固有値を持てば、それらの付随する固有ベクトルを一つずつ取った$\{\boldsymbol{x}_1, \boldsymbol{x}_2, \ldots, \boldsymbol{x}_n\}$は線形独立であり、$\mathbf{A}$は対角化可能です。つまり、全ての固有値の重複度が1である場合は対角化可能です。

重複度が2以上の固有値がある場合には対角化が不可能な場合があります。幾何学的重複度と代数的重複度が等しい場合、各固有空間には幾何学的重複度の数だけの基底ベクトルが存在します。よって、各固有空間の基底ベクトルを取れば線形独立な固有ベクトルの総数はn個になります。しかし、幾何学的重複度が代数的重複度よりも小さいことがあれば、n個の線形独立な固有ベクトルが存在しないので対角化はできません。

(式7.50)を基底の変換という観点で見てみましょう。対角行列$\mathbf{D}$の線形変換は各固有ベクトルの方向に空間を伸縮させます。$\mathbf{P}^{-1}\mathbf{AP}$は結果的にこれと同じ変換をするわけです。まず最初に$\mathbf{P}$で標準基底に変換し、次に$\mathbf{A}$の変換を行い、最後に$\mathbf{P}^{-1}$で基底を元に戻すという過程を表しています。

対角化の例として(式7.51)の行列を対角化してみます。

$$\mathbf{A} = \begin{bmatrix} 1 & -6 & -2 \\ 0 & -3 & 0 \\ 0 & 5 & 2 \end{bmatrix} \qquad \text{(式7.51)}$$

この行列の固有値は（式7.52）です。

$$\lambda_1 = 1,\ \lambda_2 = 2,\ \lambda_3 = -3 \qquad \text{(式7.52)}$$

全ての固有値の重複度が1なので行列$\mathbf{A}$は対角化可能です。対角行列$\mathbf{D}$は固有値を対角成分とする（式7.53）となります。

$$\mathbf{D} = \begin{bmatrix} 1 & 0 & 0 \\ 0 & 2 & 0 \\ 0 & 0 & -3 \end{bmatrix} \qquad \text{(式7.53)}$$

それぞれの固有値に付随する固有ベクトルの一つは（式7.54）です。

$$\boldsymbol{x}_1 = \begin{bmatrix} 1 \\ 0 \\ 0 \end{bmatrix},\ \boldsymbol{x}_2 = \begin{bmatrix} 2 \\ 0 \\ 1 \end{bmatrix},\ \boldsymbol{x}_3 = \begin{bmatrix} -2 \\ -1 \\ 1 \end{bmatrix} \qquad \text{(式7.54)}$$

よって、$\mathbf{A}$を対角化するための行列$\mathbf{P}$は（式7.55）のようになります。

$$\mathbf{P} = \begin{bmatrix} \boldsymbol{x}_1 & \boldsymbol{x}_2 & \boldsymbol{x}_3 \end{bmatrix} = \begin{bmatrix} 1 & 2 & -2 \\ 0 & 0 & -1 \\ 0 & 1 & 1 \end{bmatrix} \qquad \text{(式7.55)}$$

Pythonを用いてこれを確認してみましょう。リスト7.5は**linalg.eig**関数で固有値を求め、対角行列$\mathbf{D}$を作成しています。

リスト7.5 対角行列$\mathbf{D}$の計算

In

```
A = np.array([[1, 6, -2],
              [0, -3, 0],
              [0, 5, 2]])

evals, P = sla.eig(A)
D = np.diag(evals)
D
```

```
array([[ 1.+0.j,  0.+0.j,  0.+0.j],
       [ 0.+0.j,  2.+0.j,  0.+0.j],
       [ 0.+0.j,  0.+0.j, -3.+0.j]])
```

リスト7.6 はこの$\mathbf{D}$が$\mathbf{P}^{-1}\mathbf{AP}$と一致することを確認しています。

リスト7.6 $\mathbf{P}^{-1}\mathbf{AP} = \mathbf{D}$の確認

```
np.allclose(sla.inv(P) @ A @ P, D)
```

```
True
```

そのほか、SymPyには$\mathbf{D}$と$\mathbf{P}$を計算する**diagonalize**メソッドも用意されています（リスト7.7）。

リスト7.7 SymPyでの$\mathbf{P}^{-1}\mathbf{AP} = \mathbf{D}$の確認

```
A_s = sy.Matrix(A)


P, D = A_s.diagonalize()
P.inv() * A_s * P  == D
```

```
True
```

固有値に重複がある場合の例を示します。（式7.56）の行列$\mathbf{A}$を対角化します。

$$\mathbf{A} = \begin{bmatrix} 1 & 0 & 0 \\ 6 & 0 & 0 \\ 2 & 0 & 0 \end{bmatrix} \tag{式7.56}$$

$\mathbf{A}$の固有値は（式7.57）です。

$$\lambda_1 = 0,\ \ \lambda_2 = 0,\ \ \lambda_3 = 1 \tag{式7.57}$$

固有値$\lambda = 0$の代数的重複度は2です。この固有値に付随する固有ベクトルはスカラーc, dを用いて（式7.58）と表せます。

$$\boldsymbol{x} = c\begin{bmatrix}0\\1\\0\end{bmatrix} + d\begin{bmatrix}0\\0\\1\end{bmatrix} \tag{式7.58}$$

よって幾何学的重複度も2であり、$\lambda = 1$の幾何学的重複度は1なので、幾何学的重複度の総和は3です。よって、この行列$\mathbf{A}$は対角化可能です。対角行列$\mathbf{D}$は固有値を対角成分とする（式7.59）となります。

$$\mathbf{D} = \begin{bmatrix}0 & 0 & 0\\0 & 0 & 0\\0 & 0 & 1\end{bmatrix} \tag{式7.59}$$

$\lambda = 0$の固有空間の基底ベクトル$(0, 1, 0)$と$(0, 0, 1)$、$\lambda = 1$の固有空間の基底ベクトル$(0.5, 3, 1)$を選びます。この3個の固有ベクトルは線形独立なので、$\mathbf{P}$は次のように求まります。

$$\mathbf{P} = \begin{bmatrix}0 & 0 & 0.5\\1 & 0 & 3\\0 & 1 & 1\end{bmatrix} \tag{式7.60}$$

Pythonでも リスト7.8 のように対角化できていることを確認できます。

リスト7.8 （式7.56）の$\mathbf{A}$の対角化

In

```
A = np.array([[1, 0, 0],
              [6, 0, 0],
              [2, 0, 0]])

evals, P = sla.eig(A)
D = np.diag(evals)
np.allclose(sla.inv(P) @ A @ P, D)
```

Out

```
True
```

本節で示した行列の対角化手法は、特性方程式の根を求めることに基づいています。しかし、一般的に多項式の根を正確に計算することは難しいため、実際の数値計算ではこの方法は使われていないので注意してください。

7-2-3 相似

$\mathbf{B}=\mathbf{P}^{-1}\mathbf{A}\mathbf{P}$となるような可逆行列$\mathbf{P}$が存在する場合、二つの正方行列$\mathbf{A}$と$\mathbf{B}$は相似（similar）であるといいます。また、このような変換を行列$\mathbf{P}$に関する相似変換（similarity transformation）と呼びます。つまり、対角化可能とは$\mathbf{A}$と対角行列$\mathbf{D}$が相似であるということです。

可逆行列$\mathbf{P}$と$\mathbf{P}^{-1}$が基底の変換と考えると、相似な行列は基底が違うだけで全く同じことをする変換を表しているとみなせます。よって、$\mathbf{A}$と相似な行列$\mathbf{B}$の行列式、階数は同じであり、可逆性も変わりません。相似な行列の固有値についても考えてみましょう。$\mathbf{A}$が可逆であれば、行列式の性質から（式7.61）の関係が成り立ちます。

$$\det\left(\mathbf{A}\mathbf{A}^{-1}\right)=\det(\mathbf{A})\det\left(\mathbf{A}^{-1}\right)=\det(\mathbf{I})=1 \quad \text{(式7.61)}$$

この関係を用いて$\mathbf{B}$の特性多項式は（式7.62）のように変形できます。

$$\begin{aligned}\det(\mathbf{B}-\lambda\mathbf{I})&=\det\left(\mathbf{P}^{-1}\mathbf{A}\mathbf{P}-\lambda\mathbf{P}^{-1}\mathbf{P}\right)\\&=\det\left(\mathbf{P}^{-1}(\mathbf{A}-\lambda\mathbf{I})\mathbf{P}\right)\\&=\det\left(\mathbf{P}^{-1}\right)\det(\mathbf{A}-\lambda\mathbf{I})\det\mathbf{P}\\&=\det\left(\mathbf{P}^{-1}\right)\det\mathbf{P}\det(\mathbf{A}-\lambda\mathbf{I})\\&=\det(\mathbf{A}-\lambda\mathbf{I})\end{aligned} \quad \text{(式7.62)}$$

よって、$\mathbf{A}$と$\mathbf{B}$は同じ特性多項式を持つので、同じ固有値を持つことがわかります。このように相似な行列は同じ固有値を持ちます。ただし、同じ固有ベクトルを持つわけではありません。

（式7.63）の可逆行列$\mathbf{A}$があるとします。

$$\mathbf{A}=\begin{bmatrix}-3 & 2 & 1\\1 & 0 & -2\\-1 & -4 & 3\end{bmatrix} \quad \text{(式7.63)}$$

また、可逆行列$\mathbf{P}$が（式7.64）のように与えられたとします。

$$\mathbf{P}=\begin{bmatrix}2 & 1 & 1\\-5 & -3 & 0\\1 & 1 & -1\end{bmatrix} \quad \text{(式7.64)}$$

$\mathbf{P}$に関する相似変換によって$\mathbf{A}$と相似な行列$\mathbf{B}$は（式7.65）と求まります。

$$\mathbf{B} = \mathbf{P}^{-1}\mathbf{A}\mathbf{P} = \begin{bmatrix} -18 & -16 & 18 \\ 30 & 27 & -31 \\ -9 & -3 & -9 \end{bmatrix} \qquad \text{(式7.65)}$$

この例題の$\mathbf{B}$をPythonで計算してみます（リスト7.9）。

リスト7.9 （式7.65）の$\mathbf{B}$の確認

In

```
A = np.array([[-3, 2, 1],
              [1, 0, -2],
              [-1, -4, 3]])
P = np.array([[2, 1, 1],
              [-5, -3, 0],
              [1, 1, -1]])

B = sla.inv(P) @ A @ P
B
```

Out

```
array([[-18., -16.,  18.],
       [ 30.,  27., -31.],
       [ -9.,  -3.,  -9.]])
```

$\mathbf{A}$と$\mathbf{B}$の行列式が等しいことが確認できます（リスト7.10）。

リスト7.10 $\det(\mathbf{A}) = \det(\mathbf{B})$の確認

In

```
np.allclose(sla.det(A), sla.det(B))
```

Out

```
True
```

7-2-4 行列の跡

行列式と同じように行列に対して定まる定数がほかにもあります。ここで紹介する行列の跡 (trace) はとても計算が簡単です。跡は行列のノルムの計算などに使われます。$\mathbf{A}$が$n \times n$行列の場合、$\mathbf{A}$の跡trace$(\mathbf{A})$は対角成分の総和です。これを（式7.66）のように表記します。

$$\mathrm{trace}\,(\mathbf{A}) = a_{11} + a_{22} + \cdots + a_{nn} = \sum_{i=1}^{n} a_{ii} \qquad \text{(式7.66)}$$

なお、$\mathbf{A}$が正方行列でない場合には$\mathbf{A}$の跡は定義されません。このように定義されたことで、行列の跡は行列の固有値の総和に等しくなります。

（式7.67）の行列があるとします。

$$\mathbf{A} = \begin{bmatrix} -1 & 5 & 3 \\ 0 & 4 & 7 \\ 6 & -2 & 9 \end{bmatrix} \qquad \text{(式7.67)}$$

跡は対角成分の総和なので（式7.68）のように計算できます。

$$\mathrm{trace}\,(\mathbf{A}) = -1 + 4 + 9 = 12 \qquad \text{(式7.68)}$$

これをNumPyの配列で計算する場合は**trace**メソッドを使用します（リスト7.11）。

リスト7.11 **trace**メソッドで求める行列の跡

In

```
A = np.array([[-1, 5, 3],
              [0, 4, 7],
              [6, -2, 9]])


A.trace()
```

Out

```
12
```

また、SymPyの**Matrix**オブジェクトにも同名の**trace**メソッドが用意されています（リスト7.12）。

リスト7.12 SymPyの**trace**メソッドで求める行列の跡

In

```
A_s = sy.Matrix(A)


A_s.trace()
```

Out

```
12
```

行列の跡の基本的な性質には以下のようなものがあります。ここで、$\mathbf{A}$と$\mathbf{B}$は$n \times n$の行列、cはスカラーとします。

1. $\mathrm{trace}\,(c\mathbf{A}) = c\,\mathrm{trace}\,(\mathbf{A})$
2. $\mathrm{trace}\,(\mathbf{A}+\mathbf{B}) = \mathrm{trace}\,(\mathbf{A}) + \mathrm{trace}\,(\mathbf{B})$
3. $\mathrm{trace}\,(\mathbf{AB}) = \mathrm{trace}\,(\mathbf{BA})$

いずれの性質も行列の跡の定義からわかります。例えば性質3は（式7.69）のように証明できます。

$$\begin{aligned}\mathrm{trace}\,(\mathbf{AB}) &= \sum_{i=1}^{n} (\mathbf{AB})_{ii} \\ &= \sum_{i=1}^{n} \left(\sum_{k=1}^{n} a_{ik} b_{ki} \right) \\ &= \sum_{k=1}^{n} \left(\sum_{i=1}^{n} b_{ki} a_{ik} \right) = \mathrm{trace}\,(\mathbf{BA})\end{aligned} \tag{式7.69}$$

この性質から$\mathbf{A}$と$\mathbf{B}$が相似であるとき、（式7.70）が成り立つことがわかります。

$$\begin{aligned}\mathrm{trace}\,(\mathbf{A}) &= \mathrm{trace}\left(\mathbf{PBP}^{-1}\right) = \mathrm{trace}\left(\mathbf{P}\left(\mathbf{BP}^{-1}\right)\right) \\ &= \mathrm{trace}\left(\left(\mathbf{BP}^{-1}\right)\mathbf{P}\right) = \mathrm{trace}\left(\mathbf{B}\left(\mathbf{P}^{-1}\mathbf{P}\right)\right) \\ &= \mathrm{trace}\,(\mathbf{B})\end{aligned} \tag{式7.70}$$

これは相似な行列は跡が等しいことを表しています。

7-2-5 行列のべき乗

行列$\mathbf{A}$が対角化可能であれば、行列のべき乗$\mathbf{A}^n$の計算が大幅に単純化されることを説明します。

（式7.48）の右から$\mathbf{P}^{-1}$を掛けることで（式7.71）が得られます。

$$\mathbf{A} = \mathbf{PDP}^{-1} \quad \text{(式7.71)}$$

この式から$\mathbf{A}$の2乗は（式7.72）で計算できることがわかります。

$$\mathbf{A}^2 = \mathbf{PDP}^{-1}\mathbf{PDP}^{-1} = \mathbf{PD}^2\mathbf{P}^{-1} \quad \text{(式7.72)}$$

証明は省略しますが、一般に$\mathbf{A}^n$は（式7.73）で求まります。

$$\mathbf{A}^n = \mathbf{PD}^n\mathbf{P}^{-1} \quad \text{(式7.73)}$$

対角行列$\mathbf{D}$を（式7.47）で表すとすれば、べき乗$\mathbf{D}^n$は（式7.74）となります。

$$\mathbf{D}^n = \mathrm{diag}\left(\lambda_1^n, \ldots, \lambda_n^n\right) \quad \text{(式7.74)}$$

このように対角行列のべき乗は対角成分ごとにべき乗を計算するだけで求まります。任意の実数nに対して$\mathbf{D}^n$は計算できるので、$\mathbf{A}$が対角化可能であれば$\mathbf{A}^n$も任意の実数nに対して計算できます。なお、$n = 0$の場合には$\mathbf{A}^0 = \mathbf{I}$となります。

NumPyの**linalg.matrix_power**関数やSciPyの**linalg.fractional_matrix_power**関数を使用すれば行列のべき乗を計算できます。**linalg.fractional_matrix_power**関数は任意の実数nにおける$\mathbf{A}^n$を計算できます。リスト7.13では$\mathbf{A}^3$を求めています。

リスト7.13 **linalg.fractional_matrix_power**関数で$\mathbf{A}^3$を計算

In

```
A = np.array([[3, -1],
              [-1, 3]])


B = sla.fractional_matrix_power(A, 3)
B
```

Out

```
array([[ 36, -28],
       [-28,  36]])
```

また、SymPyでは**演算子を用いて行列のべき乗を表記します（リスト7.14）。

リスト7.14 SymPyで$\mathbf{A}^3$を計算

In

```
A_s = sy.Matrix(A)
A_s**3
```

Out

$$\begin{bmatrix} 36 & -28 \\ -28 & 36 \end{bmatrix}$$

7-2-6 直交対角化

直交行列の応用の一例として対称行列の対角化について説明します。対角化に限ったことではないですが、対称行列であれば使える高速かつ高精度な数値計算アルゴリズムが多く存在します。まず、$\mathbf{A}$が実対称行列である場合、異なる固有値に付随する固有ベクトルは直交することを示します。異なる固有値λ_1とλ_2に付随する固有ベクトルを$\boldsymbol{x}_1$と$\boldsymbol{x}_2$とします。これは（式7.75）と（式7.76）が成り立つことを表しています。

$$\mathbf{A}\boldsymbol{x}_1 = \lambda_1 \boldsymbol{x}_1 \quad \text{(式7.75)}$$

$$\mathbf{A}\boldsymbol{x}_2 = \lambda_2 \boldsymbol{x}_2 \quad \text{(式7.76)}$$

（式7.75）と$\boldsymbol{x}_2$の内積は次のようになります。

$$\boldsymbol{x}_2^\mathsf{T} \mathbf{A}\boldsymbol{x}_1 = \lambda_1 \langle \boldsymbol{x}_2, \boldsymbol{x}_1 \rangle \quad \text{(式7.77)}$$

一方、（式7.76）と$\boldsymbol{x}_1$の内積は次のように表せます。

$$(\mathbf{A}\boldsymbol{x}_2)^\mathsf{T} \boldsymbol{x}_1 = \lambda_2 \langle \boldsymbol{x}_2, \boldsymbol{x}_1 \rangle \quad \text{(式7.78)}$$

この式の左辺は転置行列の性質から（式7.79）と変形できます。

$$\boldsymbol{x}_2^\mathsf{T} \mathbf{A}^\mathsf{T} \boldsymbol{x}_1 = \lambda_2 \langle \boldsymbol{x}_2, \boldsymbol{x}_1 \rangle \quad \text{(式7.79)}$$

さらに、$\mathbf{A}$が対称行列であることから$\mathbf{A}^\mathsf{T} = \mathbf{A}$なので（式7.80）となります。

$$\boldsymbol{x}_2^\mathsf{T} \mathbf{A}\boldsymbol{x}_1 = \lambda_2 \langle \boldsymbol{x}_2, \boldsymbol{x}_1 \rangle \quad \text{(式7.80)}$$

（式7.77）と（式7.80）から（式7.81）が求まります。

$$\lambda_1 \langle \boldsymbol{x}_2, \boldsymbol{x}_1 \rangle = \lambda_2 \langle \boldsymbol{x}_2, \boldsymbol{x}_1 \rangle \tag{式7.81}$$

これを変形することで（式7.82）が得られます。

$$(\lambda_1 - \lambda_2) \langle \boldsymbol{x}_2, \boldsymbol{x}_1 \rangle = 0 \tag{式7.82}$$

$\lambda_1 \neq \lambda_2$なので$\langle \boldsymbol{x}_2, \boldsymbol{x}_1 \rangle = 0$であり、$\boldsymbol{x}_1$と$\boldsymbol{x}_2$は直交であるとわかります。

（式7.83）の実対称行列$\mathbf{A}$の対角化を考えます。

$$\mathbf{A} = \begin{bmatrix} 4 & 2 & -3 \\ 2 & 5 & -2 \\ -3 & -2 & 4 \end{bmatrix} \tag{式7.83}$$

この行列の固有値は（式7.84）です。

$$\lambda_1 = 1,\ \ \lambda_2 = 3,\ \ \lambda_3 = 9 \tag{式7.84}$$

（式7.85）の$\mathbf{D}$は$\mathbf{A}$の固有値を対角成分とする対角行列です。

$$\mathbf{D} = \begin{bmatrix} 1 & 0 & 0 \\ 0 & 3 & 0 \\ 0 & 0 & 9 \end{bmatrix} \tag{式7.85}$$

また、付随する固有ベクトルの一つはそれぞれ（式7.86）のようになります。

$$\boldsymbol{x}_1 = \begin{bmatrix} 1 \\ 0 \\ 1 \end{bmatrix},\ \ \boldsymbol{x}_2 = \begin{bmatrix} -1 \\ 2 \\ 1 \end{bmatrix},\ \ \boldsymbol{x}_3 = \begin{bmatrix} -1 \\ -1 \\ 1 \end{bmatrix} \tag{式7.86}$$

これらは互いに直交するので$\{\boldsymbol{x}_1, \boldsymbol{x}_2, \boldsymbol{x}_3\}$は線形独立です。よって、可逆行列$\mathbf{P}$は（式7.87）となります。

$$\mathbf{P} = \begin{bmatrix} 1 & -1 & -1 \\ 0 & 2 & -1 \\ 1 & 1 & 1 \end{bmatrix} \tag{式7.87}$$

さらに、$\mathbf{P}$の各列ベクトルをその長さで割って単位ベクトルに変換（正規化）した行列$\mathbf{Q}$を作成します。

$$\mathbf{Q} = \begin{bmatrix} 0.7071 & 0.4082 & 0.5774 \\ 0 & -0.8165 & 0.5774 \\ 0.7071 & -0.4082 & -0.5774 \end{bmatrix} \tag{式7.88}$$

この行列$\mathbf{Q}$は直交行列です。直交行列の性質$\mathbf{Q}^{-1} = \mathbf{Q}^\top$を用いることで、（式7.89）のように対角化できることがわかります。

$$\mathbf{Q}^{-1}\mathbf{A}\mathbf{Q} = \mathbf{Q}^\top\mathbf{A}\mathbf{Q} = \mathbf{D} \tag{式7.89}$$

リスト7.15では（式7.83）の行列$\mathbf{A}$を対角化する直交行列$\mathbf{Q}$と対角行列$\mathbf{D}$を求めています。$\mathbf{Q}^\top\mathbf{A}\mathbf{Q}$が$\mathbf{D}$と等しいことが確認できます。

リスト7.15 $\mathbf{Q}^\top\mathbf{A}\mathbf{Q} = \mathbf{D}$の確認

In

```
A = np.array([[4, 2, -3],
              [2, 5, -2],
              [-3, -2, 4]])

evals, Q = sla.eig(A)
D = np.diag(evals)
np.allclose(Q.T @ A @ Q, D)
```

Out

```
True
```

第8章 特異値分解

特異値分解とはあらゆる行列に適用できる行列分解の一つの手法です。特異値分解は行列の構造について多くのことを明らかにし、さまざまな行列計算において活躍します。本章では、特異値分解の定理を解説し、その強力な応用例をいくつか紹介します。

8.1 特異値分解

特異値分解は$n \times n$の対称行列の対角化を一般的な$m \times n$行列へ拡張したものと考えることができます。本節では特異値、特異値分解の定理を解説し、特異値分解の幾何学的な解釈についても述べます。

8-1-1 特異値

$\mathbf{A}$を$m \times n$行列とすると、グラム行列$\mathbf{A}^\top\mathbf{A}$は$n \times n$の対称行列となります。対称行列は直交対角化可能であることを思い出してください。$\mathbf{A}^\top\mathbf{A}$が直交対角化可能であるため、$\mathbf{A}^\top\mathbf{A}$の固有ベクトル$\{\boldsymbol{v}_1, \boldsymbol{v}_2, \ldots, \boldsymbol{v}_n\}$からなる$\mathbb{R}^n$の基底が存在します。付随する固有値を$\lambda_1, \lambda_2, \ldots, \lambda_n$とすれば、$1 \leq i \leq n$に対して（式8.1）が得られます。

$$\begin{aligned}\|\mathbf{A}\boldsymbol{v}_i\|^2 &= \langle\mathbf{A}\boldsymbol{v}_i, \mathbf{A}\boldsymbol{v}_i\rangle = \boldsymbol{v}_i^\top\mathbf{A}^\top\mathbf{A}\boldsymbol{v}_i = \boldsymbol{v}_i^\top\lambda_i\boldsymbol{v}_i \\ &= \lambda_i\langle\boldsymbol{v}_i, \boldsymbol{v}_i\rangle = \lambda_i\|\boldsymbol{v}_i\|^2 = \lambda_i\end{aligned} \qquad \text{(式8.1)}$$

この関係から$\lambda_i \geq 0$であることがわかります。

$m \times n$行列$\mathbf{A}$に対して$\mathbf{A}^\top\mathbf{A}$の固有値を$\lambda_1, \lambda_2, \ldots, \lambda_n$とした場合、（式8.2）で定義される数値を$\mathbf{A}$の特異値（singular value）と呼びます。

$$\sigma_1 = \sqrt{\lambda_1},\ \ \sigma_2 = \sqrt{\lambda_2},\ \ \ldots,\ \ \sigma_n = \sqrt{\lambda_n} \qquad \text{(式8.2)}$$

なお、$\lambda_1 \geq \lambda_2 \geq \cdots \geq \lambda_n \geq 0$と仮定すれば、$\sigma_1 \geq \sigma_2 \geq \cdots \geq \sigma_n \geq 0$となります。

例として（式8.3）の行列$\mathbf{A}$の特異値を計算してみます。

$$\mathbf{A} = \begin{bmatrix} 1 & -1 \\ -1 & 1 \\ 1 & 1 \end{bmatrix} \qquad \text{(式8.3)}$$

グラム行列$\mathbf{A}^\top\mathbf{A}$は（式8.4）となります。

$$\mathbf{A}^\top\mathbf{A} = \begin{bmatrix} 1 & -1 & 1 \\ -1 & 1 & 1 \end{bmatrix}\begin{bmatrix} 1 & -1 \\ -1 & 1 \\ 1 & 1 \end{bmatrix} = \begin{bmatrix} 3 & -1 \\ -1 & 3 \end{bmatrix} \qquad \text{(式8.4)}$$

次に$\mathbf{A}^\top\mathbf{A}$の固有値を求めます。$\mathbf{A}^\top\mathbf{A}$の特性多項式は（式8.5）となります。

$$\lambda^2 - 6\lambda + 8 = (\lambda - 4)(\lambda - 2) \qquad \text{(式8.5)}$$

よって、$\mathbf{A}^\top\mathbf{A}$の固有値は$\lambda_1 = 4, \lambda_2 = 2$であり、$\mathbf{A}$の特異値は（式8.6）と求まります。

$$\sigma_1 = \sqrt{\lambda_1} = 2,\ \ \sigma_2 = \sqrt{\lambda_2} = \sqrt{2} \qquad \text{(式8.6)}$$

グラム行列の性質として（式8.7）が成り立つことを説明します。

$$\operatorname{rank}(\mathbf{A}) = \operatorname{rank}\left(\mathbf{A}^\top\mathbf{A}\right) \qquad \text{(式8.7)}$$

$\boldsymbol{x}_0$を$\mathbf{A}\boldsymbol{x} = \mathbf{0}$の任意の解とします。すると、（式8.8）のように$\boldsymbol{x}_0$は$\mathbf{A}^\top\mathbf{A}\boldsymbol{x} = \mathbf{0}$の解でもあることがわかります。

$$\mathbf{A}^\top\mathbf{A}\boldsymbol{x}_0 = \mathbf{A}^\top(\mathbf{A}\boldsymbol{x}_0) = \mathbf{A}^\top\mathbf{0} = \mathbf{0} \qquad \text{(式8.8)}$$

逆に、$\boldsymbol{x}_0$が$\mathbf{A}^\top\mathbf{A}\boldsymbol{x} = \mathbf{0}$の任意の解であると仮定します。$\boldsymbol{x}_0$と$\left(\mathbf{A}^\top\mathbf{A}\right)\boldsymbol{x}_0$の内積を計算すると（式8.9）となります。

$$\boldsymbol{x}_0^\top\left(\mathbf{A}^\top\mathbf{A}\right)\boldsymbol{x}_0 = (\mathbf{A}\boldsymbol{x}_0)^\top(\mathbf{A}\boldsymbol{x}_0) = \langle\mathbf{A}\boldsymbol{x}_0, \mathbf{A}\boldsymbol{x}_0\rangle = \|\mathbf{A}\boldsymbol{x}_0\|^2 = 0 \qquad \text{(式8.9)}$$

この式から$\mathbf{A}\boldsymbol{x}_0 = \mathbf{0}$が成り立つので、$\boldsymbol{x}_0$は$\mathbf{A}\boldsymbol{x} = \mathbf{0}$の解でもあるわけです。つまり、$\mathbf{A}$と$\mathbf{A}^\top\mathbf{A}$は同じ零空間を持つということです。よって、$\operatorname{nullity}(\mathbf{A}) = \operatorname{nullity}\left(\mathbf{A}^\top\mathbf{A}\right)$となり、階数・退化次数の定理より$\operatorname{rank}(\mathbf{A}) = \operatorname{rank}\left(\mathbf{A}^\top\mathbf{A}\right)$となります。

8-1-2 特異値分解

$\mathbf{A}$が対称行列であれば$\mathbf{A} = \mathbf{Q}\mathbf{D}\mathbf{Q}^\top$と分解できることを思い出してください。ここで、$\mathbf{Q}$は直交行列、$\mathbf{D}$は対角行列です。しかし、この対角化を行うには行列$\mathbf{A}$が対称でないといけません。それに対し、本節で紹介する特異値分解（singular value decomposition）はあらゆる行列を直交行列、対角行列、および別の直交行列の積として分解することができます。$\mathbf{A}$が対称行列でなくとも、左から$\mathbf{A}^\top$を掛けることで対称行列の$\mathbf{A}^\top\mathbf{A}$を作ることができます。ということは、$\mathbf{A}^\top\mathbf{A}$の直交対角化がポイントであることが予想できます。

特異値分解は任意の$m \times n$行列$\mathbf{A}$を（式8.10）に分解します。

$$\mathbf{A} = \mathbf{U}\boldsymbol{\Sigma}\mathbf{V}^\top \qquad \text{(式8.10)}$$

ここで、$\boldsymbol{\Sigma}$は$m \times n$対角行列、$\mathbf{U}$と$\mathbf{V}$はそれぞれ$m \times m$と$n \times n$の直交行列で

す。$\mathbf{\Sigma}$の対角成分は$\mathbf{A}$の特異値であり、その値が大きい順にσ_1, σ_2と表記されます。$\mathbf{\Sigma}$は行列$\mathbf{A}$と同じサイズなので、必ずしも正方行列ではありません。対角行列が正方行列でない場合においても、0以外の成分は左上隅から始まる主対角線上に並びます。つまり、$\mathbf{\Sigma}$は（式8.11）のような形になることもあります。

$$\begin{bmatrix} \sigma_1 & 0 & 0 \\ 0 & \sigma_2 & 0 \\ 0 & 0 & \sigma_3 \\ 0 & 0 & 0 \end{bmatrix} \tag{式8.11}$$

表記を簡単にするため$\mathbf{A}$が$n \times n$の行列である場合に絞って（式8.10）を証明することにします。$m \times n$や$n \times m$行列の場合は$m > n$または$n > m$の可能性を考慮するように表記を調整するだけです。行列$\mathbf{A}^\top\mathbf{A}$は対称行列であるため、（式8.12）のように分解できます。

$$\mathbf{A}^\top\mathbf{A} = \mathbf{V}\mathbf{D}\mathbf{V}^\top \tag{式8.12}$$

$\mathbf{V}$は$\mathbf{A}^\top\mathbf{A}$の単位固有ベクトル$\boldsymbol{v}_1, \boldsymbol{v}_2, \ldots, \boldsymbol{v}_n$を列ベクトルとした直交行列であり、（式8.13）となります。

$$\mathbf{V} = \begin{bmatrix} \boldsymbol{v}_1 & \boldsymbol{v}_2 & \cdots & \boldsymbol{v}_n \end{bmatrix} \tag{式8.13}$$

$\mathbf{D}$は対角行列であり、その対角成分$\lambda_1, \lambda_2, \ldots, \lambda_n$は$\boldsymbol{v}_1, \boldsymbol{v}_2, \ldots, \boldsymbol{v}_n$に付随する$\mathbf{A}^\top\mathbf{A}$の固有値です。$\mathbf{A}$の階数を$r$とすれば、$\mathbf{A}^\top\mathbf{A}$の階数も$r$です。また、$\mathbf{D}$は$\mathbf{A}^\top\mathbf{A}$と相似であるので、$\mathbf{D}$も階数が$r$となります。よって、対角行列$\mathbf{D}$は（式8.14）のような形で表されます。

$$\mathbf{D} = \begin{bmatrix} \lambda_1 & & & & & & 0 \\ & \lambda_2 & & & & & \\ & & \ddots & & & & \\ & & & \lambda_r & & & \\ & & & & 0 & & \\ & & & & & \ddots & \\ 0 & & & & & & 0 \end{bmatrix} \tag{式8.14}$$

ここで、$\lambda_1 \geq \lambda_2 \geq \cdots \geq \lambda_r \geq 0$です。次に、（式8.15）のような$\mathbf{A}$によって移されたベクトルの集合を考えます。

$$\{\mathbf{A}\boldsymbol{v}_1, \mathbf{A}\boldsymbol{v}_2, \ldots, \mathbf{A}\boldsymbol{v}_n\} \tag{式8.15}$$

これは直交系であり、$i \neq j$であれば$\boldsymbol{v}_i$と$\boldsymbol{v}_j$が直交であることから（式8.16）となります。

$$\langle \mathbf{A}\boldsymbol{v}_i, \mathbf{A}\boldsymbol{v}_j \rangle = \boldsymbol{v}_i^\mathsf{T}\mathbf{A}^\mathsf{T}\mathbf{A}\boldsymbol{v}_j = \boldsymbol{v}_i^\mathsf{T}\lambda_j\boldsymbol{v}_j = \lambda_j\langle \boldsymbol{v}_i, \boldsymbol{v}_j \rangle = 0 \quad \text{(式8.16)}$$

さらに、（式8.1）より$i = 1, 2, \ldots, r$に対して$\|\mathbf{A}\boldsymbol{v}_i\|^2 = \lambda_i$であるので、（式8.15）の最初から$r$個までのベクトルは非ゼロベクトルです。そして、（式8.14）の最初からr個の対角成分は正の値です。よって、（式8.17）の集合Sは$\mathbf{A}$の列空間にある非ゼロベクトルの直交系です。

$$S = \{\mathbf{A}\boldsymbol{v}_1, \mathbf{A}\boldsymbol{v}_2, \ldots, \mathbf{A}\boldsymbol{v}_r\} \quad \text{(式8.17)}$$

しかし、$\mathbf{A}$の列空間はr次元なので、r個の線形独立なベクトルの集合であるSは$\mathrm{C}(\mathbf{A})$の直交基底でなければなりません。S内のベクトルを正規化すれば、$\mathrm{C}(\mathbf{A})$の正規直交基底$\{\boldsymbol{u}_1, \boldsymbol{u}_2, \ldots, \boldsymbol{u}_k\}$が得られます。ここで、$i = 1, 2, \ldots, r$に対して$\boldsymbol{u}_i$は（式8.18）となります。

$$\boldsymbol{u}_i = \frac{\mathbf{A}\boldsymbol{v}_i}{\|\mathbf{A}\boldsymbol{v}_i\|} = \frac{1}{\sqrt{\lambda_i}}\mathbf{A}\boldsymbol{v}_i = \frac{1}{\sigma_i}\mathbf{A}\boldsymbol{v}_i \quad \text{(式8.18)}$$

一般に、部分空間の正規直交基底を拡張してベクトル空間全体の正規直交基底を作ることができます。グラム・シュミットの正規直交化法などで（式8.17）に$n - r$個の基底ベクトルを追加し、（式8.19）のような$\mathbb{R}^n$の正規直交基底を作成します。

$$\{\boldsymbol{u}_i, \boldsymbol{u}_2, \ldots, \boldsymbol{u}_r, \boldsymbol{u}_{r+1}, \ldots, \boldsymbol{u}_n\} \quad \text{(式8.19)}$$

そして、$\mathbf{U}$を（式8.19）の基底ベクトルを列にした直交行列とします（式8.20）。

$$\mathbf{U} = \begin{bmatrix} \boldsymbol{u}_1 & \boldsymbol{u}_2 & \cdots & \boldsymbol{u}_r & \boldsymbol{u}_{r+1} & \cdots & \boldsymbol{u}_n \end{bmatrix} \quad \text{(式8.20)}$$

また、$\boldsymbol{\Sigma}$を（式8.21）の対角行列とします。

$$\boldsymbol{\Sigma} = \begin{bmatrix} \sigma_1 & & & & & & 0 \\ & \sigma_2 & & & & & \\ & & \ddots & & & & \\ & & & \sigma_r & & & \\ & & & & 0 & & \\ & & & & & \ddots & \\ 0 & & & & & & 0 \end{bmatrix} \quad \text{(式8.21)}$$

（式8.18）と$i > r$において$\mathbf{A}\boldsymbol{v}_i = \mathbf{0}$であることから、（式8.22）が成り立ちます。

$$\begin{aligned}\mathbf{U\Sigma} &= \begin{bmatrix}\sigma_1\boldsymbol{u}_1 & \sigma_2\boldsymbol{u}_2 & \cdots & \sigma_r\boldsymbol{u}_r & \mathbf{0} & \cdots & \mathbf{0}\end{bmatrix} \\ &= \begin{bmatrix}\mathbf{A}\boldsymbol{v}_1 & \mathbf{A}\boldsymbol{v}_2 & \cdots & \mathbf{A}\boldsymbol{v}_r & \mathbf{A}\boldsymbol{v}_{r+1} & \cdots & \mathbf{A}\boldsymbol{v}_n\end{bmatrix} \\ &= \mathbf{AV}\end{aligned} \tag{式8.22}$$

$\mathbf{V}$が直交行列であるので（式8.22）は$\mathbf{A} = \mathbf{U\Sigma V}^\top$と書き換えることができます。なお、$\mathbf{U}$の列は左特異ベクトル（left singular vector）と呼ばれ、$\mathbf{V}$の列は右特異ベクトル（right singular vector）と呼ばれます。

例として、（式8.3）の行列$\mathbf{A}$を特異値分解してみます。$\mathbf{A}^\top\mathbf{A}$の固有値は$\lambda_1 =$ $= 4, \lambda_2 = 2$であり、付随する固有ベクトルはそれぞれ（式8.23）となります。

$$\boldsymbol{v}_1 = \frac{1}{\sqrt{2}}\begin{bmatrix}-1\\1\end{bmatrix},\ \boldsymbol{v}_2 = \frac{1}{\sqrt{2}}\begin{bmatrix}-1\\-1\end{bmatrix}, \tag{式8.23}$$

$\boldsymbol{u}_1$は（式8.18）の定義から（式8.24）のように求まります。

$$\boldsymbol{u}_1 = \frac{1}{\sigma_1}\mathbf{A}\boldsymbol{v}_1 = \frac{1}{2}\begin{bmatrix}1 & -1\\-1 & 1\\1 & 1\end{bmatrix}\frac{1}{\sqrt{2}}\begin{bmatrix}-1\\1\end{bmatrix} = \frac{1}{\sqrt{2}}\begin{bmatrix}-1\\1\\0\end{bmatrix} \tag{式8.24}$$

同様に$\boldsymbol{u}_2$は（式8.25）となります。

$$\boldsymbol{u}_2 = \frac{1}{\sigma_2}\mathbf{A}\boldsymbol{v}_2 = \frac{1}{\sqrt{2}}\begin{bmatrix}1 & -1\\-1 & 1\\1 & 1\end{bmatrix}\frac{1}{\sqrt{2}}\begin{bmatrix}-1\\-1\end{bmatrix} = \begin{bmatrix}0\\0\\-1\end{bmatrix} \tag{式8.25}$$

$\{\boldsymbol{u}_1, \boldsymbol{u}_2\}$は正規直交系です。行列$\mathbf{U}$は正方行列になるので、$\boldsymbol{u}_1, \boldsymbol{u}_2$に直交する3番目のベクトル$\boldsymbol{u}_3$を求めます。グラム・シュミットの正規直交化法を使うとすれば、まず$\boldsymbol{u}_1, \boldsymbol{u}_2$が張る平面上にないベクトル$\boldsymbol{y}$を選びます。ここでは（式8.26）としました。

$$\boldsymbol{y} = \begin{bmatrix}1\\0\\0\end{bmatrix} \tag{式8.26}$$

グラム・シュミットの正規直交化法によって$\boldsymbol{u}_1, \boldsymbol{u}_2$に直交するベクトル$\boldsymbol{x}$は（式8.27）で求まります。

$$\boldsymbol{x} = \boldsymbol{y} - \frac{\langle \boldsymbol{y}, \boldsymbol{u}_1 \rangle}{\langle \boldsymbol{u}_1, \boldsymbol{u}_1 \rangle}\boldsymbol{u}_1 - \frac{\langle \boldsymbol{y}, \boldsymbol{u}_2 \rangle}{\langle \boldsymbol{u}_2, \boldsymbol{u}_2 \rangle}\boldsymbol{u}_2 \quad \text{（式8.27）}$$

求めたベクトルを正規化することで$\boldsymbol{u}_3$は（式8.28）のようになります。

$$\boldsymbol{u}_3 = \frac{\boldsymbol{x}}{\|\boldsymbol{x}\|} = \frac{1}{\sqrt{2}}\begin{bmatrix} -1 \\ -1 \\ 0 \end{bmatrix} \quad \text{（式8.28）}$$

以上をまとめて$\mathbf{A}$の特異値分解は（式8.29）となります。

$$\begin{bmatrix} 1 & -1 \\ -1 & 1 \\ 1 & 1 \end{bmatrix} = \begin{bmatrix} -\frac{1}{\sqrt{2}} & 0 & -\frac{1}{\sqrt{2}} \\ \frac{1}{\sqrt{2}} & 0 & -\frac{1}{\sqrt{2}} \\ 0 & -1 & 0 \end{bmatrix} \begin{bmatrix} 2 & 0 \\ 0 & \sqrt{2} \\ 0 & 0 \end{bmatrix} \begin{bmatrix} -\frac{1}{\sqrt{2}} & \frac{1}{\sqrt{2}} \\ -\frac{1}{\sqrt{2}} & -\frac{1}{\sqrt{2}} \end{bmatrix} \quad \text{（式8.29）}$$

PythonではSciPyやNumPyの**linalg.svd**関数で行列の特異値分解を求めることができます。ただし、SciPyの**linalg.svd**関数は$\mathbf{\Sigma}$ではなく特異値を並べた1次元配列を返すので、$\mathbf{\Sigma}$を得るには**linalg.diagsvd**関数を使用します。リスト8.1では例題の$\mathbf{A}$を特異値分解し、求めた$\mathbf{U}, \mathbf{\Sigma}, \mathbf{V}^\top$を表示しています。

リスト8.1 **linalg.svd**関数による特異値分解

In

```
import numpy as np
from scipy import linalg as sla


A = np.array([[1, -1],
              [-1, 1],
              [1, 1]])


U, s, Vh = sla.svd(A)
Sig = sla.diagsvd(s, *A.shape)
U, Sig, Vh
```

Out

```
(array([[-7.07106781e-01,  1.11022302e-16, ➡
-7.07106781e-01],
        [ 7.07106781e-01, -3.33066907e-16, ➡
-7.07106781e-01],
```

```
        [-1.11022302e-16, -1.00000000e+00, ➡
5.55111512e-17]]),
 array([[2.        , 0.        ],
        [0.        , 1.41421356],
        [0.        , 0.        ]]),
 array([[-0.70710678,  0.70710678],
        [-0.70710678, -0.70710678]]))
```

8-1-3 特異値分解と基本部分行列

$m \times n$行列$\mathbf{A}$の階数をrとし、$\mathbf{A}$の特異値分解は（式8.30）で表すことができます。

$$\mathbf{A} = \begin{bmatrix} \mathbf{U}_L & \mathbf{U}_R \end{bmatrix} \begin{bmatrix} \mathbf{\Sigma}_r & \mathbf{O} \\ \mathbf{O} & \mathbf{O} \end{bmatrix} \begin{bmatrix} \mathbf{V}_L & \mathbf{V}_R \end{bmatrix}^\mathsf{T} \tag{式8.30}$$

ここで、$\mathbf{\Sigma}_r$は対角成分を特異値とする$r \times r$の対角行列です。また、ほかの小行列は以下の通りです。

$$\begin{aligned} \mathbf{U}_L &= \begin{bmatrix} \boldsymbol{u}_1 & \boldsymbol{u}_2 & \cdots & \boldsymbol{u}_r \end{bmatrix},\ \mathbf{U}_R = \begin{bmatrix} \boldsymbol{u}_{r+1} & \boldsymbol{u}_{r+2} & \cdots \boldsymbol{u}_m \end{bmatrix} \\ \mathbf{V}_L &= \begin{bmatrix} \boldsymbol{v}_1 & \boldsymbol{v}_2 & \cdots & \boldsymbol{v}_r \end{bmatrix},\ \mathbf{V}_R = \begin{bmatrix} \boldsymbol{v}_{r+1} & \boldsymbol{v}_{r+2} & \cdots \boldsymbol{v}_n \end{bmatrix} \end{aligned} \tag{式8.31}$$

（式8.30）を変形して（式8.32）とします。

$$\mathbf{A} \begin{bmatrix} \mathbf{V}_L & \mathbf{V}_R \end{bmatrix} = \begin{bmatrix} \mathbf{U}_L & \mathbf{U}_R \end{bmatrix} \begin{bmatrix} \mathbf{\Sigma}_r & \mathbf{O} \\ \mathbf{O} & \mathbf{O} \end{bmatrix} \tag{式8.32}$$

この式は（式8.33）を表しています。

$$\begin{aligned} \mathbf{A}\mathbf{V}_L &= \mathbf{U}_L \mathbf{\Sigma}_p \\ \mathbf{A}\mathbf{V}_R &= \mathbf{O} \end{aligned} \tag{式8.33}$$

さらにこれをベクトル$\boldsymbol{u}_i, \boldsymbol{v}_i$の方程式で表せば（式8.34）となります。

$$\begin{aligned} \mathbf{A}\boldsymbol{v}_i &= \sigma_i \boldsymbol{u}_i, \quad i = 1, 2, \ldots, r \\ \mathbf{A}\boldsymbol{v}_i &= \mathbf{0}, \quad i = r+1, r+2, \ldots, n \end{aligned} \tag{式8.34}$$

（式8.34）から$\mathbf{U}$の最初のr列は$\mathbf{A}$の列空間の基底となることがわかります。また、$\mathbf{V}$の最後の$(n-r)$列（$\mathbf{V}^\mathsf{T}$の最後の$n-r$行）は、$\mathbf{A}$の零空間の基底となり

8 特異値分解

ます。

次に、（式8.30）の両辺を転置して整理すると（式8.35）が得られます。

$$\mathbf{A}^\top \begin{bmatrix}\mathbf{U}_L & \mathbf{U}_R\end{bmatrix} = \begin{bmatrix}\mathbf{V}_L & \mathbf{V}_R\end{bmatrix} \begin{bmatrix}\mathbf{\Sigma}_r & \mathbf{O} \\ \mathbf{O} & \mathbf{O}\end{bmatrix} \qquad \text{（式8.35）}$$

この式は（式8.36）を表しています。

$$\begin{aligned} \mathbf{A}^\top \mathbf{U}_L &= \mathbf{V}_L \mathbf{\Sigma}_p \\ \mathbf{A}^\top \mathbf{U}_R &= \mathbf{O} \end{aligned} \qquad \text{（式8.36）}$$

そして（式8.37）が得られます。

$$\begin{aligned} \mathbf{A}^\top \boldsymbol{u}_i &= \sigma_i \boldsymbol{v}_i, \quad i = 1, 2, \ldots, r \\ \mathbf{A}^\top \boldsymbol{u}_i &= \mathbf{0}, \quad i = r+1, r+2, \ldots, m \end{aligned} \qquad \text{（式8.37）}$$

（式8.37）から$\mathbf{V}$の最初のr列（$\mathbf{V}^\top$の最初のr行）は$\mathbf{A}^\top$の列空間の基底となることがわかります。これは$\mathbf{A}$の行空間の基底です。また、$\mathbf{U}$の最後の$(m-r)$列は$\mathbf{A}$の左零空間の基底となります。以上をまとめると、$\mathbf{U}$と$\mathbf{V}^\top$は（式8.38）のように四つの基本部分空間の基底で構成されています。

$$\begin{aligned} \mathrm{C}(\mathbf{A}) &= \mathrm{span}\{\boldsymbol{u}_1, \boldsymbol{u}_2, \ldots, \boldsymbol{u}_r\} \\ \mathrm{N}(\mathbf{A}) &= \mathrm{span}\{\boldsymbol{v}_{r+1}, \boldsymbol{v}_{r+2}, \ldots, \boldsymbol{v}_m\} \\ \mathrm{C}\left(\mathbf{A}^\top\right) &= \mathrm{span}\{\boldsymbol{v}_1, \boldsymbol{v}_2, \ldots, \boldsymbol{v}_r\} \\ \mathrm{N}\left(\mathbf{A}^\top\right) &= \mathrm{span}\{\boldsymbol{u}_{r+1}, \boldsymbol{u}_{r+2}, \ldots, \boldsymbol{u}_n\} \end{aligned} \qquad \text{（式8.38）}$$

Pythonを用いて（式8.38）の関係から四つの基本部分空間を求めてみます。まずはリスト8.2を実行して$\mathbf{U}$と$\mathbf{V}^\top$を得ます。

リスト8.2 特異値分解で求めた$\mathbf{U}$と$\mathbf{V}^\top$

In

```
A = np.array([[1, 0, 2, 3],
              [0, 1, 4, 5],
              [0, 0, 0, 0]])

U, s, Vh = sla.svd(A)
U, Vh
```

Out

```
(array([[-0.48992502,  0.87176457,  0.        ],
        [-0.87176457, -0.48992502, -0.        ],
        [ 0.        ,  0.        ,  1.        ]]),
 array([[-0.06610607, -0.11762806, -0.60272437, ➡
-0.78645849],
        [ 0.84112686, -0.47270686, -0.20857372,  ➡
0.15984628],
        [-0.1656342 , -0.68549413,  0.61415571, ➡
-0.35422574],
        [-0.51058878, -0.5411189 , -0.46479362,  ➡
0.48005867]]))
```

得られた$\mathbf{U}$と$\mathbf{V}^\top$から リスト8.3 のようにして四つの基本部分空間を求めることができます。

リスト8.3 $\mathbf{U}$と$\mathbf{V}^\top$から求めた基本部分空間

In

```
rank = np.linalg.matrix_rank(A)

col_space, left_null_space = U[:, :rank], U[:, rank:]
row_space, null_space = Vh[:rank].T, Vh[rank:].T
col_space, left_null_space, row_space, null_space
```

Out

```
(array([[-0.48992502,  0.87176457],
        [-0.87176457, -0.48992502],
        [ 0.        ,  0.        ]]),
 array([[ 0.],
        [-0.],
        [ 1.]]),
 array([[-0.06610607,  0.84112686],
        [-0.11762806, -0.47270686],
        [-0.60272437, -0.20857372],
        [-0.78645849,  0.15984628]]),
 array([[-0.1656342 , -0.51058878],
```

8 特異値分解

```
           [-0.68549413, -0.5411189 ],
           [ 0.61415571, -0.46479362],
           [-0.35422574,  0.48005867]]))
```


8-1-4 特異値分解の幾何学的解釈

特異値分解の幾何学的な意味は$\mathbb{R}^2$の単位円（半径1の円）や$\mathbb{R}^3$の単位球（半径1の球）が行列$\mathbf{A}$によってどのように変換されるかを見ることによってわかります。単位円、単位球は可逆行列$\mathbf{A}$によって楕円、楕円体に移されます。ここでは説明のために$\mathbb{R}^2$から$\mathbb{R}^2$への線形変換を例にしますが、$\mathbb{R}^n$から$\mathbb{R}^m$への線形変換で一般的に何が起こるかを感じてください。

楕円の主軸は互いに直交します。楕円の2焦点を取る直線が長軸であり、楕円の内部に引いた長軸の垂直二等分線が短軸です。図8.1に示すように、$\mathbf{A}$の特異値は主軸の長さの半分となります。楕円の半軸の長さを大きいものから順にσ_1, σ_2というように割り当てます。

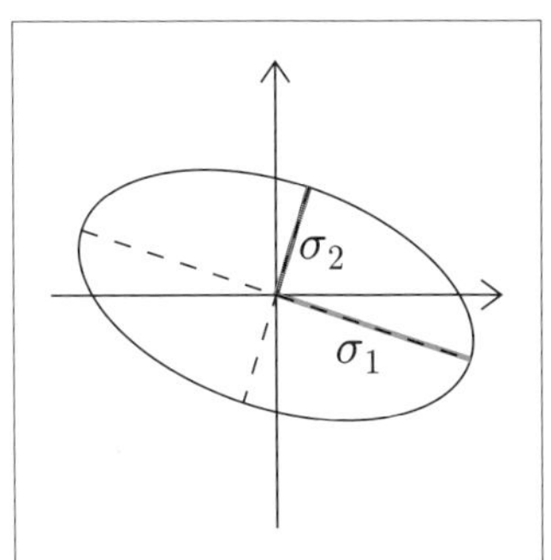

図8.1 楕円の主軸と特異値の関係

特異値分解における行列$\mathbf{\Sigma}$の対角成分は特異値であり、rを$\mathbf{A}$の階数とすれば0でない特異値はr個存在することになります。行列$\mathbf{U}$の列は楕円の主軸の方向を大きい軸から小さい軸の順に表しています。また、$\mathbf{V}$の列は楕円の主軸の方向に対応した$\mathbb{R}^n$における単位ベクトルです。

リスト8.4を実行すると$\mathbb{R}^2$の単位円と、それを$\mathbf{A}$によって移した楕円が描かれます。また、特異値分解によって二つの特異値を求め、$\sigma_1 \boldsymbol{u}_1$と$\sigma_2 \boldsymbol{u}_2$の座標を丸と三角のマーカーで表示しています。

リスト8.4 単位円に対する線形変換

In

```
from matplotlib import pyplot as plt

# 単位円を表す配列
t = np.linspace(0, 2 * np.pi, 100)
x = np.array([np.cos(t),
              np.sin(t)])

A = np.array([[1.5, 0.75],
              [-0.5, -1.0]])

# Aによって移された楕円を表す配列
b = A @ x

# 特異値の座標ベクトル
U, s, Vh = sla.svd(A)
p0 = s[0] * U[0]
p1 = s[1] * U[1]

fig, ax = plt.subplots()

ax.plot(x[0], x[1], label='base')
ax.plot(b[0], b[1], label='map')
ax.plot(p0[0], p0[1], 'o', label=r'$\sigma_1 u_1$')
ax.plot(p1[0], p1[1], '^', label=r'$\sigma_2 u_2$')

ax.set_xlabel(r'$x_1$')
ax.set_ylabel(r'$x_2$')
ax.legend(loc=0)
```

Out

<matplotlib.legend.Legend at 0x1e1d2a00ac0>

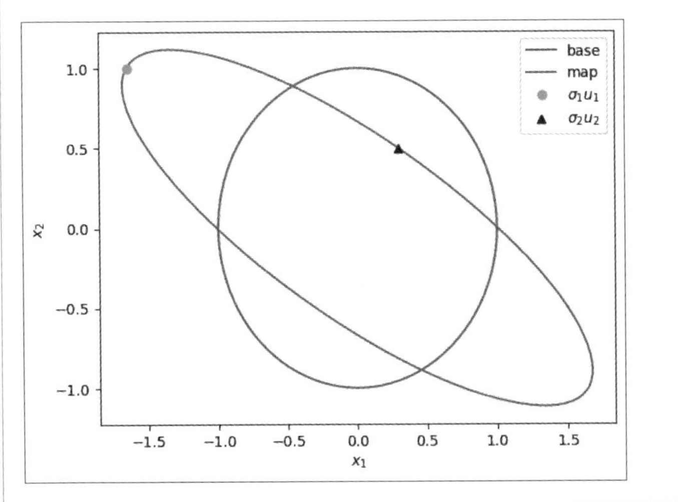

$\mathbf{A}$の線形変換によって単位円がある傾いた楕円に変換されるとします。図8.2の左上の単位円から右上の楕円への変換を見てください。青色の単位ベクトルを$\mathbf{A}$によって移したものが楕円の主軸に沿った灰色のベクトルです。この楕円の主軸に沿った単位ベクトルが左特異ベクトルであり、その長さが特異値です。楕円の半長軸に沿ったベクトルは最大の特異値であるσ_1に最初の左特異ベクトルである$\boldsymbol{u}_1$を掛けたものになります。同様に、この楕円の半短軸に沿ったベクトルは単位ベクトル$\boldsymbol{u}_2$のσ_2倍となります。また、左特異ベクトルに対応する単位円上のベクトルが右特異点ベクトルであり、それらが$\mathbf{V}$の列を形成します。

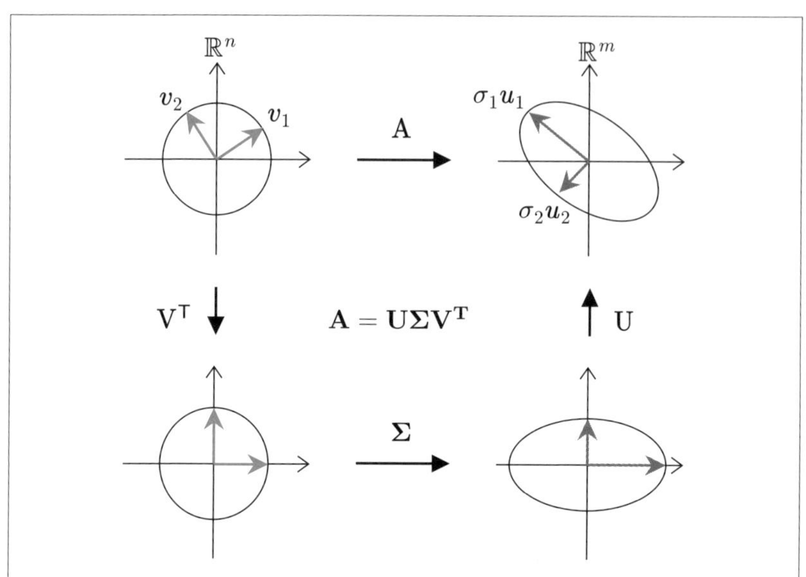

図8.2 特異値分解の幾何学的解釈

$m \times n$の行列$\mathbf{A}$が三つに分解されるということは、$\mathbb{R}^n$のベクトルに作用して$\mathbb{R}^m$のベクトルを生成する$\mathbf{A}$の線形変換は、3段階の線形変換を合成したものと全く同じであることを意味します。まずベクトルに左から$\mathbf{V}^\mathsf{T}$を掛け、次に左から$\mathbf{\Sigma}$を掛け、さらに左から$\mathbf{U}$を掛けます。これは、図8.2の左上の図から左下、右下、右上の図に渡るという経路で示されています。左上から左下への変換は左から$\mathbf{V}^\mathsf{T}$を掛けることを表しています。行列$\mathbf{V}$は標準基底ベクトルを左上の図の青いベクトルに回転させる変換を表し、そのベクトルは$\mathbf{V}$の列ベクトルです。よって、$\mathbf{V}^\mathsf{T}$(直交行列なので$\mathbf{V}^{-1}$)は、左上の図の青いベクトルを、左下の図の標準基底ベクトルに回転させることになります。そして、対角行列$\mathbf{\Sigma}$を掛けると各軸方向が対応する特異値で伸縮され、左下の図の単位円は右下の図の楕円に移ります。最後に行列$\mathbf{U}$が楕円の主軸に沿うように標準基底を回転させます。これが右下の図から右上の図への写像です。

8.2 特異値分解の応用

本節では特異値分解の応用をいくつか紹介します。特異値分解は画像のようなデジタルデータを、あまり情報を失わないように圧縮する方法を提供します。また、特異値分解は最小二乗問題の数値解法にも利用され、多くの統計手法でも基礎となる働きをしています。

8-2-1 行列ノルム

ベクトルの大きさを表すものがベクトルノルムでしたが、行列の大きさを表すために用いられるものが行列ノルム（matrix norm）です。行列ノルムは以下の性質を満たす関数$\|\cdot\|$であり、ベクトルのノルムを行列に対し自然に一般化したものです。

1. 全ての行列$\mathbf{A}$において$\|\mathbf{A}\| \geq 0$
   ただし、$\mathbf{A} = \mathbf{O}$の場合にのみ$\|\mathbf{A}\| = 0$
2. 全てのスカラーαにおいて$\|\alpha\mathbf{A}\| = |\alpha|\,\|\mathbf{A}\|$
3. 全ての行列$\mathbf{A}, \mathbf{B}$において$\|\mathbf{A} + \mathbf{B}\| \leq \|\mathbf{A}\| + \|\mathbf{B}\|$

最も単純な行列ノルムはフロベニウスノルム（Frobenius norm）などと呼ばれる行列ノルムです。フロベニウスノルムは（式8.39）のように行列の全成分の二乗和の平方根として定義されます。

$$\|\mathbf{A}\|_{\mathrm{F}} = \left(\sum_{i=1}^{m}\sum_{j=1}^{n} a_{ij}^2\right)^{\frac{1}{2}} \qquad \text{(式8.39)}$$

（式8.40）の行列$\mathbf{A}$のフロベニウスノルムを求めてみます。

$$\mathbf{A} = \begin{bmatrix} -2 & 4 \\ 5 & 6 \end{bmatrix} \qquad \text{(式8.40)}$$

（式8.39）の定義に従うと$\mathbf{A}$のフロベニウスノルムは（式8.41）となります。

$$\|\mathbf{A}\|_{\mathrm{F}} = \sqrt{(-2)^2 + 4^2 + 5^2 + 6^2} = 9 \qquad \text{(式8.41)}$$

ここで、$\mathbf{A}$の全成分を1列に並べたベクトル$\boldsymbol{v}$を考えてみます（式8.42）。

$$\boldsymbol{v} = \begin{bmatrix} -2 \\ 4 \\ 5 \\ 6 \end{bmatrix} \quad \text{（式8.42）}$$

当然ながら$\boldsymbol{v}$の2-ノルムは$\mathbf{A}$のフロベニウスノルムと一致します（式8.43）。

$$\|\boldsymbol{v}\|_2 = 9 \quad \text{（式8.43）}$$

よって、フロベニウスノルムが行列ノルムの三つの性質を満たすことがわかります。

行列ノルムは$n \times n$行列$\mathbf{A}, \mathbf{B}$に対して$\|\mathbf{AB}\| \leq \|\mathbf{A}\| \|\mathbf{B}\|$という性質を有しています。この性質は劣乗法性（submultiplicativity）と呼ばれます。フロベニウスノルムが劣乗法性を有していることは（式8.44）でわかります。

$$\begin{aligned}
\|\mathbf{AB}\|_\mathrm{F} &= \left(\sum_{i=1}^{n} \sum_{j=1}^{n} \left| \sum_{k=1}^{n} a_{ik} b_{kj} \right| \right)^{\frac{1}{2}} \\
&\leq \left(\sum_{i=1}^{n} \sum_{j=1}^{n} \left(\sum_{k=1}^{n} a_{ik} \right) \left(\sum_{k=1}^{n} b_{kj} \right) \right)^{\frac{1}{2}} \\
&= \left(\sum_{i=1}^{n} \sum_{k=1}^{n} a_{ik} \right)^{\frac{1}{2}} \left(\sum_{k=1}^{n} \sum_{j=1}^{n} b_{kj} \right)^{\frac{1}{2}} = \|\mathbf{A}\|_\mathrm{F} \|\mathbf{B}\|_\mathrm{F}
\end{aligned} \quad \text{（式8.44）}$$

この証明にはコーシー・シュワルツの不等式を使用しました。

NumPyやSymPyではベクトルノルムを求める際に用いた**linalg.norm**関数や**norm**メソッドによって行列ノルムも求めることができます。リスト8.5のようにSciPyやNumPyの**linalg.norm**関数に行列を指定すればフロベニウスノルムが計算されます。

リスト8.5 NumPyにおけるフロベニウスノルムの計算

In
```
A = np.array([[-2, 4],
              [5, 6]])


sla.norm(A)
```

```
9.0
```

SymPyでは**norm**メソッドでフロベニウスノルムが求まります（リスト8.6）。

リスト8.6 SymPyにおけるフロベニウスノルムの計算

```
import sympy as sy
sy.init_printing()

A_s = sy.Matrix(A)

A_s.norm()
```

```
9
```

最も頻繁に使用される行列ノルムは、ベクトルノルムによって定義される誘導ノルム（induced norm）、作用素ノルム（operator norm）です。$m \times n$行列$\mathbf{A}$、n次元のベクトル$\boldsymbol{x}$があるとして、ベクトルノルムによって（式8.45）のような行列ノルムが定義されます。

$$\|\mathbf{A}\| = \max_{\boldsymbol{x} \neq 0} \frac{\|\mathbf{A}\boldsymbol{x}\|}{\|\boldsymbol{x}\|} \qquad \text{(式8.45)}$$

なお、ベクトルのp-ノルムから定義されることを表すために$\|\mathbf{A}\|_p$という表記を使うこともあります。（式8.45）の定義は$\boldsymbol{x}$の大きさに対する$\mathbf{A}\boldsymbol{x}$の大きさの最大値を表しています。つまり、誘導ノルムは行列$\mathbf{A}$が元のベクトル$\boldsymbol{x}$を拡大（または縮小）できる最大量の指標です。

直交行列$\mathbf{Q}$においては誘導ノルムは単純です。直交行列による線形変換はベクトルの2-ノルムを変化させないため、（式8.46）のように誘導ノルム$\|\mathbf{Q}\|_2$は1となります。

$$\|\mathbf{Q}\|_2 = \max_{\boldsymbol{x} \neq 0} \frac{\|\mathbf{Q}\boldsymbol{x}\|_2}{\|\boldsymbol{x}\|_2} = \frac{\|\boldsymbol{x}\|_2}{\|\boldsymbol{x}\|_2} = 1 \qquad \text{(式8.46)}$$

誘導ノルムは（式8.47）のようにも表せます。

$$
\begin{aligned}
\|\mathbf{A}\| &= \max_{\boldsymbol{x} \neq 0} \frac{\|\mathbf{A}\boldsymbol{x}\|}{\|\boldsymbol{x}\|} = \max_{\boldsymbol{x} \neq 0} \left\| \left(\frac{1}{\|\boldsymbol{x}\|} \right) \mathbf{A}\boldsymbol{x} \right\| \\
&= \max_{\boldsymbol{x} \neq 0} \left\| \mathbf{A} \left(\frac{\boldsymbol{x}}{\|\boldsymbol{x}\|} \right) \right\| = \max_{\|\boldsymbol{x}\|=1} \|\mathbf{A}\boldsymbol{x}\|
\end{aligned}
\quad \text{(式8.47)}
$$

よって、誘導ノルム$\|\mathbf{A}\|$は$\boldsymbol{x}$が単位球面$\|\boldsymbol{x}\| = 1$上にある場合の$\mathbf{A}\boldsymbol{x}$の最大値を表しています。$\mathbb{R}^2$のベクトル$\boldsymbol{v} = (x, y)$の場合、1 -、2 -、∞-ノルムの単位球面の方程式はそれぞれ（式8.48）のようになります。

$$
\begin{aligned}
\|\boldsymbol{v}\|_1 &= |x| + |y| = 1 \\
\|\boldsymbol{v}\|_2 &= \sqrt{x^2 + y^2} = 1 \\
\|\boldsymbol{v}\|_\infty &= \begin{cases} -1 \le x \le 1, \ |y| = 1 \\ -1 \le y \le 1, \ |x| = 1 \end{cases}
\end{aligned}
\quad \text{(式8.48)}
$$

図8.3にこれらの単位球面を示します。

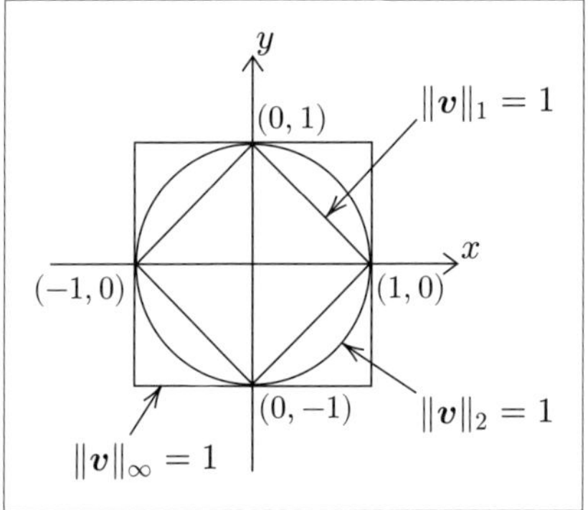

図8.3 三つの単位球面$\|\boldsymbol{v}\| = 1$

誘導ノルムの定義から$n \times n$行列$\mathbf{A}$とn次元のベクトル$\boldsymbol{x}$に対して（式8.49）の重要な関係がわかります。

$$
\|\mathbf{A}\boldsymbol{x}\| \le \|\mathbf{A}\| \, \|\boldsymbol{x}\| \quad \text{(式8.49)}
$$

また、$n \times n$行列$\mathbf{A}, \mathbf{B}$に対して誘導ノルムも（式8.50）のように劣乗法性を有しています。

$$
\begin{aligned}
\|\mathbf{AB}\| &= \max_{\boldsymbol{x}\neq 0}\frac{\|\mathbf{AB}\boldsymbol{x}\|}{\|\boldsymbol{x}\|} = \max_{\boldsymbol{x}\neq 0}\frac{\|\mathbf{A}\left(\mathbf{B}\boldsymbol{x}\right)\|}{\|\mathbf{B}\boldsymbol{x}\|}\frac{\|\mathbf{B}\boldsymbol{x}\|}{\|\boldsymbol{x}\|} \\
&\leq \left(\max_{\boldsymbol{x}\neq 0}\frac{\|\mathbf{A}\boldsymbol{x}\|}{\|\boldsymbol{x}\|}\right)\left(\max_{\boldsymbol{x}\neq 0}\frac{\|\mathbf{B}\boldsymbol{x}\|}{\|\boldsymbol{x}\|}\right) = \|\mathbf{A}\|\,\|\mathbf{B}\|
\end{aligned}
\tag{式8.50}
$$

任意の$m \times n$行列$\mathbf{A}$に対して、（式8.51）によって$\|\mathbf{A}\|_\infty$を計算することができます。

$$
\|\mathbf{A}\|_\infty = \max_{1\leq i\leq m}\sum_{j=1}^{n}|a_{ij}| \tag{式8.51}
$$

これは、$\mathbf{A}$の行ごとに成分の絶対値の和を求めると、それらの中の最大値が$\|\mathbf{A}\|_\infty$であるということです。同様に、行列の1-ノルムは列方向における絶対値の総和の最大値となります（式8.52）。

$$
\|\mathbf{A}\|_1 = \max_{1\leq j\leq n}\sum_{i=1}^{m}|a_{ij}| \tag{式8.52}
$$

例えば、（式8.53）の行列$\mathbf{A}$があるとします。

$$
\mathbf{A} = \begin{bmatrix} 1 & 3 & 1 \\ 2 & 5 & -7 \\ 4 & 0 & -3 \end{bmatrix} \tag{式8.53}
$$

$\|\mathbf{A}\|_\infty$は第2行の絶対値の総和となります（式8.54）。

$$
\|\mathbf{A}\|_\infty = 2 + 5 + 7 = 14 \tag{式8.54}
$$

また、$\|\mathbf{A}\|_1$は第3列の絶対値の総和となります（式8.55）。

$$
\|\mathbf{A}\|_1 = 1 + 7 + 3 = 11 \tag{式8.55}
$$

フロベニウスノルムと同様に`linalg.norm`関数により誘導ノルムも計算できます。オプションの引数に`np.inf`と指定すれば∞-ノルム、`1`を指定すれば1-ノルムが計算されます（リスト8.7）。

リスト8.7 NumPyにおける∞-ノルムと1-ノルムの計算

In
```
A = np.array([[1, 3, 1],
              [2, 5, -7],
              [4, 0, -3]])

sla.norm(A, np.inf), sla.norm(A, 1)
```

Out
$$(14.0,\ 11.0)$$

SymPyでも**norm**メソッドで∞-ノルムと1-ノルムを計算できます（リスト8.8）。

リスト8.8 SymPyにおける∞-ノルムと1-ノルムの計算

In
```
A_s = sy.Matrix(A)

A_s.norm(sy.oo), A_s.norm(1)
```

Out
$$(14,\ 11)$$

特異値分解は行列ノルムとも関連しています。特異値は正確に計算することができるので、それを用いて2-ノルムを見つけることができます。行列$\mathbf{A}$の最大の特異値をσ_1として、$\mathbf{A}$の2-ノルムは（式8.56）となります。

$$\|\mathbf{A}\|_2 = \sqrt{\sigma_1} \quad \text{(式8.56)}$$

また、行列$\mathbf{A}$の特異値を用いてフロベニウスノルムを計算できます。フロベニウスノルムには（式8.57）の性質があります。

$$\|\mathbf{A}\|_{\mathrm{F}}^2 = \mathrm{trace}\left(\mathbf{A}^\top\mathbf{A}\right) = \mathrm{trace}\left(\mathbf{A}\mathbf{A}^\top\right) \quad \text{(式8.57)}$$

例えば$\mathbf{A}\mathbf{A}^\top$の対角成分は$\mathbf{A}$の列成分の二乗和になります。行列の跡は対角成分の総和なので、$\mathrm{trace}\left(\mathbf{A}\mathbf{A}^\top\right)$は$\mathbf{A}$の全成分の二乗和と等しいです。同様に、$\mathbf{A}^\top\mathbf{A}$も対角成分が$\mathbf{A}$の行成分の二乗和となるので、（式8.57）が成り立つことがわかります。

次に、$m \times n$行列$\mathbf{A}$に直交行列を掛けてもフロベニウスノルムが変わらないことを説明します。$\mathbf{U}$が$m \times m$直交行列であるとし、$\mathbf{UA}$のフロベニウスノルムについては（式8.58）が成り立ちます。

$$\begin{aligned}\|\mathbf{UA}\|_{\mathrm{F}}^2 &= \mathrm{trace}\left((\mathbf{UA})^\top(\mathbf{UA})\right)\\ &= \mathrm{trace}\left(\left(\mathbf{A}^\top\mathbf{U}^\top\right)(\mathbf{UA})\right)\\ &= \mathrm{trace}\left(\mathbf{A}^\top\mathbf{A}\right) = \|\mathbf{A}\|_{\mathrm{F}}^2\end{aligned} \qquad \text{(式8.58)}$$

また、$\mathbf{V}$が$n \times n$直交行列である場合、$\mathbf{AV}$のフロベニウスノルムには（式8.59）の関係があります。

$$\begin{aligned}\|\mathbf{AV}\|_{\mathrm{F}}^2 &= \mathrm{trace}\left(\left(\mathbf{AV}(\mathbf{AV})^\top\right)\right)\\ &= \mathrm{trace}\left((\mathbf{AV})\left(\mathbf{V}^\top\mathbf{A}^\top\right)\right)\\ &= \mathrm{trace}\left(\mathbf{AA}^\top\right) = \|\mathbf{A}\|_{\mathrm{F}}^2\end{aligned} \qquad \text{(式8.59)}$$

（式8.58）と（式8.59）をまとめると、任意の行列に直交行列を掛けてもフロベニウスノルムは不変であることがわかります。

$$\|\mathbf{UAV}\|_{\mathrm{F}}^2 = \|(\mathbf{UA})\mathbf{V}\|_{\mathrm{F}}^2 = \|\mathbf{AV}\|_{\mathrm{F}}^2 = \|\mathbf{A}\|_{\mathrm{F}}^2 \qquad \text{(式8.60)}$$

さて、特異値分解によって$\mathbf{A}$のフロベニウスノルムは（式8.61）のように表せます。

$$\|\mathbf{A}\|_{\mathrm{F}} = \left\|\mathbf{U\Sigma V}^\top\right\|_{\mathrm{F}} = \|\mathbf{\Sigma}\|_{\mathrm{F}} \qquad \text{(式8.61)}$$

$\mathbf{\Sigma}$の非ゼロ成分は特異値$\sigma_1, \sigma_2, \ldots, \sigma_r$であるので、$\mathbf{A}$のフロベニウスノルムと特異値には（式8.62）の関係が成り立ちます。

$$\|\mathbf{A}\|_F = \sqrt{\sum_{i=1}^{r}\sigma_i^2} \qquad \text{(式8.62)}$$

8-2-2 特異値分解を用いたデータ圧縮

デジタルデータをより少ない記憶領域に保存できるように圧縮するために、特異値分解が大きな役割を果たしています。（式8.10）の特異値分解では行列$\mathbf{\Sigma}$に0だけの行や列が存在しました。しかし、代数的にはそのような行や列は不要なので削除すると、特異値分解は次式のように表すことができます。

$$\mathbf{A} = \begin{bmatrix} \boldsymbol{u}_1 & \boldsymbol{u}_2 & \cdots & \boldsymbol{u}_r \end{bmatrix} \begin{bmatrix} \sigma_1 & 0 & \cdots & 0 \\ 0 & \sigma_2 & \cdots & 0 \\ \vdots & \vdots & \ddots & \vdots \\ 0 & 0 & \cdots & \sigma_r \end{bmatrix} \begin{bmatrix} \boldsymbol{v}_1^\top \\ \boldsymbol{v}_2^\top \\ \vdots \\ \boldsymbol{v}_r^\top \end{bmatrix} \quad \text{(式8.63)}$$

これは$\mathbf{A}$の縮小特異値分解（reduced singular value decomposition）と呼ばれます。（式8.63）の右辺の行列をそれぞれ$\mathbf{U}_r, \mathbf{\Sigma}_r, \mathbf{V}_r^\top$とすれば、（式8.63）は（式8.64）となります。

$$\mathbf{A} = \mathbf{U}_r \mathbf{\Sigma}_r \mathbf{V}_r^\top \quad \text{(式8.64)}$$

なお、$\mathbf{U}_r, \mathbf{\Sigma}_r, \mathbf{V}_r^\top$のサイズはそれぞれ$m \times r, r \times r, r \times n$であり、行列$\mathbf{\Sigma}_r$は対角成分が正なので可逆行列であることがわかります。（式8.63）の右辺を展開すると（式8.65）が得られます。

$$\mathbf{A} = \sigma_1 \boldsymbol{u}_1 \boldsymbol{v}_1^\top + \sigma_2 \boldsymbol{u}_2 \boldsymbol{v}_2^\top + \cdots + \sigma_r \boldsymbol{u}_r \boldsymbol{v}_r^\top \quad \text{(式8.65)}$$

このような式を$\mathbf{A}$の縮小特異値展開（reduced singular value expansion）と呼ぶことがあります。行列$\boldsymbol{u}_i \boldsymbol{v}_i^\top$の線形独立な列は一つだけなので、この行列の階数は1です。よって、（式8.65）は階数rの行列$\mathbf{A}$を階数1の行列r個の線形結合として表現しています。

例えば（式8.3）の行列$\mathbf{A}$の縮小特異値分解は、$\mathbf{A}$の階数が2なので（式8.63）で$r = 2$とした形となり、（式8.66）で表されます。

$$\begin{bmatrix} 1 & -1 \\ -1 & 1 \\ 1 & 1 \end{bmatrix} = \begin{bmatrix} -\frac{1}{\sqrt{2}} & 0 \\ \frac{1}{\sqrt{2}} & 0 \\ 0 & -1 \end{bmatrix} \begin{bmatrix} 2 & 0 \\ 0 & \sqrt{2} \end{bmatrix} \begin{bmatrix} -\frac{1}{\sqrt{2}} & \frac{1}{\sqrt{2}} \\ -\frac{1}{\sqrt{2}} & -\frac{1}{\sqrt{2}} \end{bmatrix} \quad \text{(式8.66)}$$

この式を展開すれば（式8.67）が得られます。

$$\begin{aligned} \begin{bmatrix} 1 & -1 \\ -1 & 1 \\ 1 & 1 \end{bmatrix} &= \sigma_1 \boldsymbol{u}_1 \boldsymbol{v}_1^\top + \sigma_2 \boldsymbol{u}_2 \boldsymbol{v}_2^\top \\ &= 2 \begin{bmatrix} -\frac{1}{\sqrt{2}} \\ \frac{1}{\sqrt{2}} \\ 0 \end{bmatrix} \begin{bmatrix} -\frac{1}{\sqrt{2}} & \frac{1}{\sqrt{2}} \end{bmatrix} + \sqrt{2} \begin{bmatrix} 0 \\ 0 \\ -1 \end{bmatrix} \begin{bmatrix} -\frac{1}{\sqrt{2}} & -\frac{1}{\sqrt{2}} \end{bmatrix} \\ &= 2 \begin{bmatrix} \frac{1}{2} & -\frac{1}{2} \\ -\frac{1}{2} & \frac{1}{2} \\ 0 & 0 \end{bmatrix} + \sqrt{2} \begin{bmatrix} 0 & 0 \\ 0 & 0 \\ \frac{1}{\sqrt{2}} & \frac{1}{\sqrt{2}} \end{bmatrix} \end{aligned} \quad \text{(式8.67)}$$

なお、（式8.67）の各項にある行列の階数は1です。

特異値分解が画像データを圧縮するのに利用されていることを見てみましょう。どのような大きな画像でも、人間の目には気付かない画素があるはずです。画像を表す行列に特異値展開を適用することで、画像にあまり寄与しない部分を削除した近似画像を作成することができます。

例として、グレースケール画像の視覚情報を行列$\mathbf{A}$として表現します。画像をピクセル（点）の矩形配列として、各ピクセルにグレーレベルに応じた数値を割り当てます。256階調のグレーレベルを使用する場合、行列の成分は0から255の整数になります。行列$\mathbf{A}$が$m \times n$である場合、mn個の成分を個別に保存することになります。

別の方法として、（式8.64）の特異値分解を利用して$\sigma, \boldsymbol{u}, \boldsymbol{v}$を保存するようにします。行列$\mathbf{A}$は必要に応じて（式8.65）から再構成することができます。各$\boldsymbol{u}_i$はm個の成分を持ち、各$\boldsymbol{v}_i$はn個の成分を持つので、記憶領域には（式8.68）だけの数を保存する必要があります。

$$rm + rn + r = r(m + n + 1) \quad \text{（式8.68）}$$

ここで、特異値$\sigma_{k+1}, \sigma_{k+2}, \ldots, \sigma_r$が十分に小さいとします。これらの特異値に対応する項を（式8.65）から削除すると（式8.69）が得られます。

$$\mathbf{A}_k = \sigma_1 \boldsymbol{u}_1 \boldsymbol{v}_1^\top + \sigma_2 \boldsymbol{u}_2 \boldsymbol{v}_2^\top + \cdots + \sigma_k \boldsymbol{u}_k \boldsymbol{v}_k^\top \quad \text{（式8.69）}$$

$\mathbf{A}_k$は$\mathbf{A}$を近似した行列です。（式8.69）を$\mathbf{A}$の低階数近似（low rank approximation）などと呼びます。この近似であれば記憶領域には以下の数だけ保存すればよいことになります。

$$km + kn + k = k(m + n + 1) \quad \text{（式8.70）}$$

例えば、640×1024の行列$\mathbf{A}$を$k = 100$で近似すると、$100(640 + 1024 + 1) = 166,500$の数を保存することになります。$\mathbf{A}$の成分を個別に保存するのに必要な$640 \times 1024 = 655,360$と比較すると、ファイルサイズを約75%削減できることがわかります。

Pythonでグレースケール画像を用意し、低階数近似の効果を試してみましょう。ImageIOライブラリを利用すれば画像をNumPyの配列として読み込むことができます。ImageIOにはいくつかサンプルの画像が用意されているので、今回はそのサンプル画像を使います。リスト8.9を実行するとサンプルの画像が表示されます。ここでは**imread**関数の**mode**引数を使って画像をグレースケールで読み込んでいます。なお、このサンプル画像の階数は300です。

リスト8.9 サンプル画像の準備

In

```
import imageio.v3 as iio

# 画像をグレースケールで読み込み
A = iio.imread('imageio:chelsea.png', mode='L')

# 階数を計算
rank = np.linalg.matrix_rank(A)

# 画像を表示
fig, ax = plt.subplots()

ax.imshow(A, cmap='gray')
ax.set_title(f'Actural Image(rank {rank})')
```

Out

```
Text(0.5, 1.0, 'Actural Image(rank 300)')
```

リスト8.10 はサンプル画像の低階数近似をいくつか表示させます。この例では階数が30だと元画像が若干ぼやけたような画像になります。階数が100になると元画像とはほとんど区別がつきません。

リスト8.10 サンプル画像の低階数近似

In

```
# 特異値分解の計算
U, s, Vh = sla.svd(A)
Sig = sla.diagsvd(s, *A.shape)

# 近似した画像を表示
modes = [1, 10, 30, 100]

fig, axs = plt.subplots(2, 2, figsize=(10, 7),
                        constrained_layout=True)

for ax, k in zip(axs.flatten(), modes):
    A_low = U[:, :k] @ Sig[:k, :k] @ Vh[:k, :]
    ax.imshow(A_low, cmap='gray')
    ax.set_title(f'rank {k}')
    ax.axis('off')
```

Out

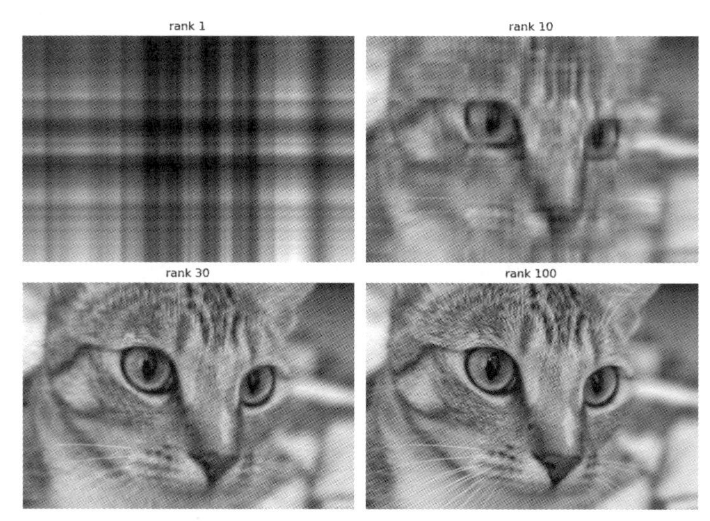

8-2-3 逆行列の計算

逆行列は正確に計算することが難しく、ほとんどの場合にはその計算を避けるべきです。しかし、逆行列を計算する必要がある場合には特異値分解を利用することができます。$n \times n$行列$\mathbf{A}$が可逆行列であるとすれば、行列$\mathbf{\Sigma}$は（式8.71）に示すように対角成分が特異値だけになります。

$$\mathbf{\Sigma} = \begin{bmatrix} \sigma_1 & 0 & \cdots & 0 \\ 0 & \sigma_2 & \cdots & 0 \\ \vdots & \vdots & \ddots & \vdots \\ 0 & 0 & \cdots & \sigma_n \end{bmatrix} \tag{式8.71}$$

$\mathbf{A} = \mathbf{U\Sigma V}^\mathsf{T}$と分解できることから、$\mathbf{A}$の逆行列は$\mathbf{A}^{-1} = \left(\mathbf{V}^\mathsf{T}\right)^{-1}\mathbf{\Sigma}^{-1}\mathbf{U}^{-1}$となります。よって、$\mathbf{A}^{-1}$は（式8.72）で計算できることがわかります。

$$\mathbf{A}^{-1} = \mathbf{V\Sigma}^{-1}\mathbf{U}^\mathsf{T} \tag{式8.72}$$

ここで、全ての行列のサイズは$n \times n$です。また、$\mathbf{\Sigma}$は対角行列なので$\mathbf{\Sigma}^{-1}$は（式8.73）となります。

$$\mathbf{\Sigma}^{-1} = \begin{bmatrix} \frac{1}{\sigma_1} & 0 & \cdots & 0 \\ 0 & \frac{1}{\sigma_2} & \cdots & 0 \\ \vdots & \vdots & \ddots & \vdots \\ 0 & 0 & \cdots & \frac{1}{\sigma_n} \end{bmatrix} \tag{式8.73}$$

リスト8.11では（式8.72）の定義に従って逆行列$\mathbf{A}^{-1}$を計算しています。実際には**linalg.inv**関数があるので逆行列をこのように求める必要はありませんが、計算結果は**linalg.inv**関数のものと一致しています。

リスト8.11 特異値分解から求めた逆行列

In

```
A = np.array([[1, -1, 3],
              [4, 2, 3],
              [5, 1, -1]])

U, s, Vh = sla.svd(A)
Ainv = Vh.T @ sla.diagsvd(1/s, *A.shape) @ U.T
np.allclose(sla.inv(A), Ainv)
```

Out

```
True
```


8-2-4 擬似逆行列

$m \geq n$に対して最大階数の$m \times n$行列$\mathbf{A}$があるとします。$\mathbf{A}\boldsymbol{x} = \boldsymbol{b}$の左から$\mathbf{A}^\top$を掛けることで（式8.74）が得られます。

$$\mathbf{A}^\top \mathbf{A}\boldsymbol{x} = \mathbf{A}^\top \boldsymbol{b} \tag{式8.74}$$

$\mathbf{A}^\top \mathbf{A}$は可逆行列なので$(\mathbf{A}^\top \mathbf{A})^{-1}$が存在します。$\mathbf{A}$が最大階数であれば$\boldsymbol{x}$は最小二乗問題の解であり、それは（式8.75）で表されます。

$$\boldsymbol{x} = (\mathbf{A}^\top \mathbf{A})^{-1}\mathbf{A}^\top \boldsymbol{b} \tag{式8.75}$$

そして、（式8.76）で定義される行列$\mathbf{A}^\dagger$を擬似逆行列（pseudoinverse）、またはMoore-Penroseの一般逆行列（generalized inverse）と呼びます。

$$\mathbf{A}^\dagger = (\mathbf{A}^\top \mathbf{A})^{-1}\mathbf{A}^\top \tag{式8.76}$$

擬似逆行列$\mathbf{A}^\dagger$は正方行列の逆行列の定義を一般化したものです。特に、$\mathbf{A}$が$n \times n$の可逆行列であるときは（式8.77）が成り立ちます。

$$\mathbf{A}^\dagger = (\mathbf{A}^\top \mathbf{A})^{-1}\mathbf{A}^\top = \mathbf{A}^{-1}(\mathbf{A}^\top)^{-1}\mathbf{A}^\top = \mathbf{A}^{-1}\mathbf{I} = \mathbf{A}^{-1} \tag{式8.77}$$

SciPyやNumPyには擬似逆行列を求める**linalg.pinv**関数が用意されています。リスト8.12では擬似逆行列を用いて回帰直線を求めています。

リスト8.12 擬似逆行列によって求めた回帰直線

In

```
# 最小二乗問題の定義
rng = np.random.default_rng(0)
x = np.linspace(0, 10, 101)
y = 1 + 3 * x + 5 * rng.random(len(x))
y = y[:, np.newaxis]
A = np.vstack([np.ones(len(x)), x]).T

# 擬似逆行列を用いて解を求める
b = sla.pinv(A) @ y
```

```
fig, ax = plt.subplots()

ax.plot(x, y, 'o', label='data')
ax.axline((0, b[0, 0]), slope=b[1, 0], color='k',
          label=f'{b[0, 0]:.2f} + {b[1, 0]:.2f}x')
ax.legend(loc=0)
ax.set(xlabel=r'$x$', ylabel=r'$y$')
```

Out

```
[Text(0.5, 0, '$x$'), Text(0, 0.5, '$y$')]
```

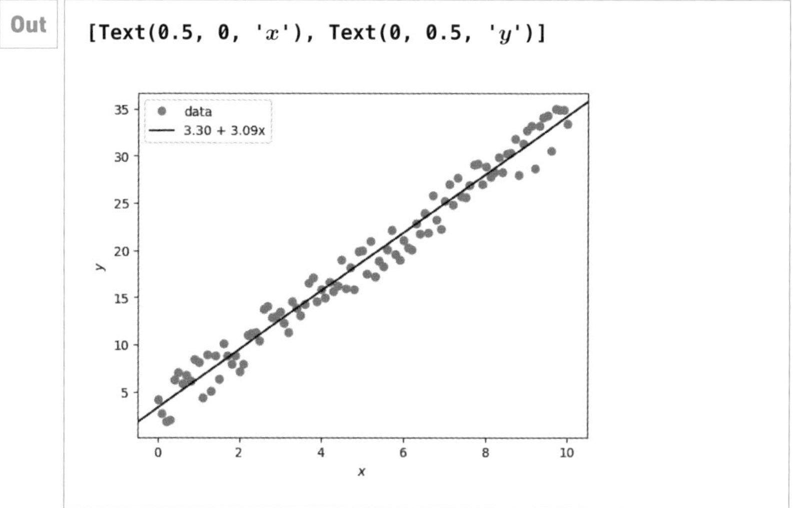

数値計算の応用の場面では、計算回数が多いので擬似逆行列を用いて解を求めることはほとんど行われません。Pythonではさまざまなライブラリに回帰分析のための関数が用意されており、それを利用した方が計算が高速です。例えば、リスト8.13に示すSciPyの**linalg.lstsq**関数は**linalg.pinv**関数を用いるよりも高速に解を計算します。また、**linalg.lstsq**関数は数値計算の安定性も高いので有用です。

リスト8.13 **linalg.lstsq**関数による解の計算

In

```
b_2, res, rnk, s = sla.lstsq(A, y)
b_2
```

Out

```
array([[3.30018045],
       [3.08757862]])
```

INDEX

記号・数字

A/B/C

D/E/F

G/H/I

J/K/L

M/N/O

P/Q/R

S/T/U

V/W/X/Y/Z

あ

か

さ

た

な

は

ま

や

ら

PROFILE

著者プロフィール

かくあき

東京工業大学工学部卒業後、同大学院理工学研究科を2012年に修了。
学生時代から数値解析を中心にPython、MATLAB、Fortran、C、LISPなどのプログラミング言語を利用。
Pythonの普及の一助となるべく、Udemyで講座を公開、KDPでの電子書籍を出版するなど情報発信。

装丁・本文デザイン　大下 賢一郎
装丁写真　iStock/berya113
DTP　株式会社シンクス
校正協力　佐藤 弘文

Python（パイソン）で動かして学ぶ！
あたらしい線形代数の教科書

2023年8月4日　初版第1刷発行

著　者　かくあき
発行人　佐々木幹夫
発行所　株式会社翔泳社（https://www.shoeisha.co.jp）
印刷・製本　株式会社ワコー

ISBN978-4-7981-7868-4　Printed in Japan